U0170314

基于非线性融合的夜间图像显著目标检测

徐 新 穆 楠 著

本书得到国家自然科学基金"面向夜间视频的视觉显著性模型研究"
（61602349）和"面向夜间视频的协同显著性目标检测关键技术研究"
（61440016）项目的支持

科学出版社

北 京

内 容 简 介

本书通过对视觉认知的两种模式——自底向上的显著目标检测模型和自顶向下显著目标检测模型的研究发现，底层视觉刺激可以注意资源的分配，而顶层的视觉感知和先验知识又能很好地指导视觉显著目标的检测，将两者相结合可以提高检测效率。本书采用自底向上与自顶向下相结合的视觉信息加工模式，同时将场景图像的局部特征与全局特征并行加工处理，通过特征融合实现夜间场景图像的显著目标检测。基于非线性融合的夜间图像显著目标检测算法由底层传统方法逐步过渡到顶层深度学习方法，为夜间图像的显著目标检测提供了良好指导，书中详细分析每种算法的细节及优缺点。

本书可供计算机专业，特别是视频，图像处理方向的师生及研究人员阅读参考。

图书在版编目（CIP）数据

基于非线性融合的夜间图像显著目标检测 / 徐新，穆楠著. —北京：科学出版社，2020.6

ISBN 978-7-03-065285-0

Ⅰ．①基… Ⅱ．①徐… ②穆… Ⅲ．①图像处理－目标检测－研究 Ⅳ．①TN911.73

中国版本图书馆 CIP 数据核字（2020）第 088574 号

责任编辑：杜　权 / 责任校对：高　嵘
责任印制：彭　超 / 封面设计：苏　波

科学出版社 出版
北京东黄城根北街 16 号
邮政编码：100717
http://www.sciencep.com

武汉精一佳印刷有限公司 印刷
科学出版社发行　各地新华书店经销

*

2020 年 6 月第　一　版　　开本：B5（720×1000）
2020 年 6 月第一次印刷　　印张：8
字数：150 000

定价：98.00 元
（如有印装质量问题，我社负责调换）

前　　言

当今信息高速发展的社会，对图片、视频的海量数据处理变得日益重要，从中快速提取人类感兴趣的部分是学者们重要的研究课题。人类视觉注意机制使得人类在面对自然场景时能够迅速搜索、定位感兴趣的区域，在机器视觉处理任务中引入这种注意机制，即视觉显著性，可以极大地提高计算机处理任务的效率。显著目标检测是模拟人类视觉机制，提取出场景中最具吸引力的物体或区域。显著目标检测算法能从图像和视频中提取重要信息，有助于将有限计算资源分配给重要的信息。

目前大多数的显著目标检测模型是面向白天场景。但是由于夜间场景光照条件不足、对比度偏低、颜色信息退化严重、亮度和信噪比都相对较低等特性，造成图像感知质量大幅度降低等问题，为了更好地解决夜间图像的显著目标检测的诸多问题，本书提出基于非线性融合的夜间图像显著目标检测。本书从显著目标检测的理论基础和研究方向出发，提出适应于夜间场景的显著目标检测算法，并介绍显著目标检测在各个计算机视觉任务中的应用，如目标检测、目标跟踪、目标识别、行人重识别和图像检索等。

本书通过神经生物学机制的原理和心理物理学机制的原理两个途径研究受人类视觉系统启发的显著目标检测，分析基于视觉注意机制的夜间图像显著目标检测方法。虽然这些研究对人类视觉系统的研究还不能充分揭示显著目标检测的工作原理，但是已经有很多研究成果得到了大量实验的验证，对算法的设计具有指导意义，可以有效指导显著目标检测算法的设计并指明该技术的发展方向。

本书为如何快速有效地检测夜间图像中的重要目标提供新的思路。本书的目标是解决夜间图像检测中严重的噪声干扰、视觉特征的可用性降低以及通用分类器的性能不好等问题，提出并研究基于像素级、特征级和决策级三个层次的非线性融合显著目标检测模型。

本书的主要研究内容包括：①利用显著性信息的互补性，结合离散平稳小波变换，研究基于像素级非线性融合策略的夜间图像显著目标检测技术；②利用视觉特征的相关性，结合区域协方差，研究基于特征级非线性融合策略的夜间图像显著目标检测技术；③利用分类器的泛化能力，结合卷积神经网络，研究基于决策级非线性融合策略的夜间图像显著目标检测技术。本书揭示夜间环境下显著目标检测的原理和方法，探讨夜间图像显著目标检测的关键技术，为复杂环境下的夜间安防监控、目标定位等热点问题提供理论和技术依据。

本书的出版得到了国家自然科学基金（61602349、61440016）的支持，特此感谢。感谢朱昕、廖华年、万志静等同学在本书写作过程中做出的不懈努力。

由于著者水平有限，书中的内容可能存在遗漏与不妥之处，恳请广大读者批评指正。

著　者

2020 年 1 月 18 日

目　　录

第1章 显著目标检测

本章分析显著目标检测的动机，介绍人类视觉系统的基本概念，并从神经学和心理学两个角度提供显著目标检测的依据。

1.1 概　　述

随着互联网和通信技术的飞速发展，人们可以获得的外部信息呈现井喷式增长，"大数据"时代已经到来。在人们日常生活中获得的各种信息中，图像具有最丰富的信息。事实上，人们在一天内获取的信息有80%来自视觉图像信息，如图1.1所示。随着计算机性能的快速发展和智能手机的普及，计算机视觉的研究方向已经发展到对大数据中图像和视频信息的分析和处理。面对如此海量的图像和视频信息，如何从中获取有用的、重要的信息是研究人员面临的一个重要问题。

关于这个问题，我们可以从灵长类动物的视觉处理机制中得到启发。对灵长类动物视觉处理系统的研究表明，灵长类动物具有在视野中快速寻找感兴趣目标的能力，它们能有效和准确地识别这些目标。这种视觉注意力机制使得灵长类动物能够将有限的神经计算资源分配给复杂环境中感兴趣的目标。视觉注意机制是灵长类动物视觉系统的内在机制，与脑科学和神经科学密切相关。认知心理学、生物神经学、计算机视觉等学科对其进行了广泛的研究。基于这种视觉注意机制的图像和视频处理可以将有限的计算资源分配给感兴趣的目标，并产生更符合人类视觉认知需求的结果,在图像检索[1-2]、图像与视频压缩[3-4]、图像分割[5-7]、图像渲染[8]、目标检测与识别[9]、视频抽象[10]和图像质量评价与分析[11]等诸多应用领域取得了较好的进展。

图 1.1　人们在日常生活中获得的视觉信息

　　显著目标检测旨在从图像或视频中找到显著目标的区域。它通常获取与原始图像相同尺寸的灰度图像去表示图像或视频中对象的显著性水平。灰度图像是一个显著的图形,其中每个像素的像素值代表原始图像的显著性值,亮度越高,显著性越大。心理学研究表明,视觉机制对前景目标区域的关注程度高于背景区域[12-13]。神经学研究表明,人脑和猴脑对物体形状的感知在很大程度上依赖于前景和背景的原理[14-15]。因此,视觉显著目标检测数据库中的基准显著图就是显著目标和背景的二值分割图。然而,理想的显著图是将获得显著目标的一个完整而准确的区域作为亮区，将其余区域作为背景的暗区。

1.2 受人类视觉系统启发的显著目标检测

显著目标检测是人类视觉注意机制研究的一个重要方面，它建立在对人类视觉系统机制的深入理解的基础上。为了开展相关研究，本节将介绍视觉注意机制的基本概念，以及关于神经生物学和心理物理学背景的研究。

1.2.1 视觉注意机制

视觉注意机制开始于对人类视觉的研究。在认知科学中，由于信息处理的瓶颈，人类选择性地关注所有信息的一部分，而忽略其他可见信息。这种机制通常被称为视觉注意机制。人类视网膜的不同部位具有不同水平的信息处理能力，即敏锐度。只有中央凹部分的视网膜具有最强的敏锐度。为了更好地利用有限的视觉信息处理资源，人们需要从视觉区域中选择特定的区域并集中精力进行处理。例如，当人们阅读时，通常只有小部分要阅读的单词会被关注和处理。综上所述，视觉注意机制主要有两个方面：①确定需要注意的输入部分；②将有限的信息处理资源分配给重要的部分。

在计算机视觉中，引入了视觉信息处理的注意机制。注意力是一种机制或方法，它没有严格的数学定义。例如，传统的局部图像特征提取、显著目标检测、滑动窗口法等都可以看作是一种注意机制。在神经网络中，注意模块通常是一个附加的神经网络，它可以对输入的某些部分进行严格的选择，或者对输入的不同部分赋予不同的权重。

视觉注意机制的研究涉及生物学、心理学等多个领域。生物学家从处理人和动物大脑皮层信息、接收视网膜信息、传导视觉神经信息等方面出发进行研究。心理学家根据视觉注意的行为相关性对视觉注意机制进行建模。

1.2.2 显著目标检测的神经生物学机制

显著目标检测本质上来源于人类视觉系统的选择性注意机制,因此在设计相关算法时需要遵循一定的生物学原理和规律。虽然在认知心理学和神经生物学中对人类视觉系统的研究还不能充分揭示其工作原理,但是已经有很多研究成果得到了大量实验的验证,对算法的设计具有指导意义。这些成果可以有效指导显著目标检测算法的设计并指明该技术的发展方向。下面介绍一些主要依赖于显著目标检测的生物学原理。

1. 中心-环绕原则

中心-环绕原则是计算生物视网膜、外侧膝和视觉皮层神经元[16]的一般基础,它直接启发了基于局部对比度的显著目标检测方法。生物视觉系统的感受也利用中心环绕机制提取局部区域的对比度特征。在这个机制中,视觉神经元通常容易受到局部中心区域的影响,当中心区域的视觉神经元受到刺激产生兴奋时,中心周围的大区域抑制这种兴奋[17]。该结构对局部不连续非常敏感,非常适合检测局部环境[18-19]中显著的目标,如明亮背景下的暗目标或黑暗背景下的亮目标。

2. 对比度原则

对比度反映区域之间特征(颜色、纹理、形状等)的差异程度。在自底向上的视觉显著目标检测模型中,对比度是最有影响力的因素,直接反映目标能否引起人们的注意[20]。根据活动区域,对比度可以分为局部对比度和全局对比度。局部对比度只考虑目标与邻域之间的特征差异的程度，特征差异越大，局部对比度越大，目标越显著。全局对比度则考虑目标在整个场景中的特征差异程度。在视觉系统中，局部对比度和全局对比度往往共同作用以实现快速准确的显著目标定位[21-22]。视觉神经元的对比度刺激也与空间位置有关。在特征对比度相似的情况下，靠近目标的区域比远离目标的区域更容易引起注意。

3. 格式塔原则

格式塔原则是 20 世纪初由奥地利和德国的心理学家发现和创立的，它强调行为和经验的完整性。格式塔原则认为在无意识状态下，人类的视觉系统在观察自然场景时通常只关注一个目标，信息处理以该目标为中心，对外界背景区域的关注较差。因此，显著目标检测算法需要对人关注的对象或区域进行定位，确保该区域的显著性值可以明显高于背景值。

4. 双色对立原则

双色对立原则是视觉系统中常见的一种颜色处理机制[23]。该机制表明，当一种颜色刺激视觉神经元并产生兴奋时，另一种颜色的出现抑制了这种兴奋，并且这种颜色抑制在敏感的中枢区域和中枢区域外表现为相反的方向。颜色的抑制作用通常存在于绿色和红色之间，以及黄色和蓝色之间。

5. 高频抑制原理

高频抑制原理是指人类视觉系统抑制目标的高频率和特征。然而，它对明显不同寻常的目标和特征更为敏感[24]。高频抑制原理是频域显著性分析算法的理论基础。

1.2.3　显著目标检测的心理物理学机制

视觉显著性的潜在心理机制可以用一个简单的例子来解释。如图 1.2 所示,观察者在观察两幅图像时,快速将视觉注意力集中在图 1.2(a)中的红条和图 1.2(b)的竖条上。图 1.2(a)中注意到的红条在图 1.2(b)中并没有视觉显著性。可见,视觉显著性与局部特征本身无关,而与上下文特征的对比度有关。

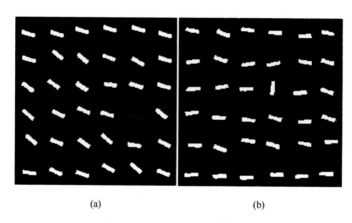

(a)　　　　　　　　　　　(b)

图 1.2　视觉注意的心理学实例

在认知心理学领域,有许多关于视觉注意的理论和模型。这些模型旨在更好地理解和解释人们的视觉感知。例如 Treisman 等提出的特征整合理论[25]和 Wolfe 提出的引导搜索模型理论[26]。

Treisman 的特征整合理论认为,不同的特征在视觉注意的早期是自动并行处理的。该理论提出后也得到了逐步的修正和完善。Koch 等[27]在特征整合理论的基础上,将 Winner-take-all 神经网络策略引入到视觉注意点的格式化中,进一步解释了视觉注意的发生和传递机制。Wolfe 的指导搜索模型理论的目的是解释和预测视觉搜索实验的结果。与特征整合理论不同，它不仅考虑自底向上视觉注意因素，而且也考虑自顶向下的因素。

格式塔心理学相关研究[28-30]也探究了视觉注意的内在机制，其中前景对象区域（如人和动物）比背景区域更容易受到视觉注意的影响。背景-背景的视觉分布的出现不需要特定的视觉聚焦处理。神经科学研究[31-32]表明，猴脑和人脑对物体形状的感知在很大程度上依赖于前景-背景关系原理，这表明这种视觉分布可能发生在以前的视觉系统的处理过程中。在格式塔相关心理学理论中，这种前景-背景关系分布受到尺寸、周长、凸度、对称性等一系列因素的影响。

1.3　显著目标检测算法

关于人眼的视觉注意机制，生物学、医学、心理学等领域的专家学者进行了长期的研究和探索。在这个阶段，科学界普遍认为，人类视觉系统对周围环境的感知机制（即视觉注意力机制）可分为两种类型。第一种是自底向上的机制，这种视觉注意力机制是由视觉刺激产生的，独立于任务。简而言之，如果图像中某个位置的亮度和颜色等低级特征与周围区域存在较大差异，那么该区域最有可能吸引人眼的视觉注意。第二种是自顶向下的机制，由意识驱动并与任务相关。具有丰富语义信息的目标，如图像中的文本、人脸、动植物等，往往会引起人们的视觉注意。对这些语义目标的选择性注意是这种视觉注意机制的具体体现。

目前，显著目标检测方法主要分为两大类：基于自底向上的算法和基于自顶向下的算法。

1.3.1 基于自底向上的显著目标检测算法

Itti 等[33]提出了一种著名的基于特征整合理论的显著目标检测模型，利用亮度、颜色和方向特征的中心-环绕差异生成显著图。由于视觉注意受低级图像特征的刺激，现有的显著性计算模型大多采用自底向上的空间域方法。Harel 等[34]提出了一种基于图的算法和不相似度量来整合局部唯一性图来生成显著图。Jiang 等[35]利用图像的图模型上的吸收马尔可夫链来表示显著目标检测，其中每个区域的显著性被定义为其从边界节点吸收的时间。Yang 等[36]通过基于图的流形排序对图像区域与前景线索或背景线索的相似性进行排序。因为传统的方法在复杂场景中鲁棒性较差，无法捕获语义对象，所以引入了深度神经网络（deep neural networks，DNNs）来克服这些缺点。Li 等[37]利用训练具有完全连通层的卷积神经网络来预测每个超像素的显著性值，并利用细化方法增强其显著性结果的空间相干性。Li 等[38]提出了一种在多任务学习框架下训练的用于显著目标检测的全卷积网络。Zhang 等[39]提出了一个通用的框架来聚合多级卷积特征进行显著目标检测。虽然本书提出的方法也是基于深度神经网络的，但是本书的方法和这些方法的主要区别在于，它们学习了一个通用的模型，可以直接将图像映射到标签上，而本书的方法学习了一个通用的嵌入函数以及一个特定于图像的神经网络分类器。

1.3.2 基于自顶向下的显著目标检测算法

之前的自顶向下算法是由任务驱动的，比如在基于图像的视觉显著性（graph-based visual saliency，GBVS）中引入人脸的高级因子[40]，

Qi 等[41]在自顶向下模型中引入了相机运动的高级特征。目前，自顶向下算法受先验知识的影响，而显著图是通过对所选图像库中的图像进行训练和学习的先验知识来得到的。例如，Kienzlean 等认为[42]可以通过学习显著目标检测算子对图像进行滤波，得到图像的显著性值。Navalplkam 等[43]对学习后的图像进行建模，然后使用自顶向下提取的特征对建模集进行加权，最后使用权重分配的显著图。Yang 等[44]提出了一个监督的自顶向下的显著目标检测模型，该模型联合学习一个条件随机场（conditional random field，CRF）和一个判别字典。Gao 等[45]通过从预定义的滤波器组中选择判别特征来引入自顶向下的显著性算法。

1.4　定位显著目标的方法

定位显著目标是解决严重的噪声干扰、视觉特征的可用性降低以及无法推广分类器等问题。我们分别从像素级、特征级和决策级三个层次研究基于非线性融合的显著目标检测模型。

1.4.1　基于像素级的方法

本书提出三种非线性融合显著性信息的方法。第一种方法利用频域和空域的有效特征，构建出了一种低对比度图像的显著目标检测模型。第二种方法是在计算超像素图像块的全局显著性的基础上，采用非线性融合的方法对显著目标进行检测，得到最终的显著图。第三种方法是通过在多个尺度上非线性地整合局部超像素对比度和全局超像素对比度来呈现显著目标检测模型。

1.4.2　基于特征级的方法

本书提出两种方法来实现特征级非线性融合。第一种方法利用局部和全局协方差特征来检测低对比度图像中的显著目标。第二种方法提出一种基于特征提取的显著目标检测模型,该模型在不同对比度环境下学习最优特征,提高了显著目标检测的有效性。

1.4.3　基于决策级的方法

传统机器学习方法采用基于支持向量基(support vector machines,SVM)的方法来检测低对比度图像中的显著目标。本书提出的基于深度学习的方法是一种嵌入协方差描述符的深度神经网络框架,用于低对比度图像中的显著目标检测。这种方法利用分类器的泛化能力,基于决策级非线性融合策略研究图像的显著性,证明该方法对提高低对比度图像的显著目标检测性能是有效的。

参 考 文 献

[1]　CHEN T, CHENG M M, TAN P, et al. Sketch2photo: Internet image montage. ACM Transactions on Graphics, 2009, 28 (5): 1-10.

[2]　HU S M, CHENG T, XU K, et al. Internet visual media processing: A survey with graphics and vision applications. The Visual Computer: International Journal of Computer Graphics, 2013, 29: 1-13.

[3]　GUO C L, ZHANG L M. A multiresolution spatiotemporal saliency detection model and its applications in image and video compression//IEEE Transactions on Image Processing, 2010, 19 (1): 185-198.

[4]　JACOBSON N, NGUYEN T Q. Video processing with scale, aware saliency: Application to frame rate up-conversion//IEEE international conference on acoustics, Speech and Signal Processing, 2011: 1313-1316.

[5]　HAN J, NGAN K N, LI M, et al. Unsupervised extraction of visual attention objects in color images//IEEE Transactions on Circuits and Systems for Video Technology, 2006, 16 (1): 141-145.

[6]　KO B C，NAM J Y. Object-of-interest image segmentation based on human attention and semantic region clustering. Journal of the Optical Society of America A，2006，23（10）：2462-2470.

[7]　ZHU J Y，WU J，XU Y，et al. Unsupervised object class discovery via saliency-guided multiple class learning//IEEE Transactions on Pattern Analysis and Machine Intelligence，2015，37（4）：862-876.

[8]　MARGOLIN R，MANOR L Z，Tal A. Saliency for image manipulation. The Visual Computer：International Journal of Computer Graphics，2013，29（5）：381-392.

[9]　REN Z，GAO S，CHIA L T，et al. Region-based saliency detection and its application in recognition//IEEE Transactions on Circuits and Systems for Video Technology，2014，24（5）：769-779.

[10]　MA Y，HUA X，LU L，et al. A generic framework of user attention model and its application in video summarization//IEEE Transactions on Multimedia，2005，7（5）：907-919.

[11]　GUO M W，ZHANG C B，CHENG Z H. A novel method of image quality assessment. Applied Mechanics and Materials，2014，5064-5067.

[12]　MAZZA V, TURATTO M, UMILTA C. Foreground-background segmentation and attention：A change blindness study. Psychological Research，2005，69（3）：201-210.

[13]　KIMCHI R，PETERSON M A. Figure-ground segmentation can occur without attention. Psychology Science，2008，19（7）：660-668.

[14]　BAYLIS G C，DRIVER J. Shape-coding in IT cells generalizes over contrast and mirror reversal，but not figure-ground reversal. Nature Neuroscience，2001，4（9）：937-942.

[15]　KOURTZI Z，KANWISHER N. Representation of perceived object shape by the human lateral occipital complex. Science，2001，293（5534）：1506.

[16]　CASAGRANDE V，NORTON T. Lateral geniculate nucleus：A review of its physiology and function. The Neural Basis of Visual Function，1991，4：41-84.

[17]　CRONLY-DILLON J. Vision and visual dysfunction. Boca Raton：CRC Press，1991，16：78-81.

[18]　KLEIN D A，FRINTROP S. Center-surround divergence of feature statistics for salient object detection//IEEE International Conference on Computer Vision，2011. 2214-2219.

[19]　GAO D，MAHADEVAN V，VASCONCELOS N. The discriminant center-surround hypothesis for bottom-up saliency. Proceedings of Neural Information Processing Systems，2008：497-504.

[20]　ROBSON J. Spatial and temporal contrast sensitivity functions of the visual system. Josa，1966，56（8）：1141-1142.

[21]　HARTMAUN G W. Gestalt Psychology：A survey of facts and principles. The Journal of Nervous and Mental Disease，1936，83（4）：492-494.

[22]　KOFFKA K. Principles of Gestalt psychology. Routledge，2013，44：111-119.

[23]　MULLEN K T. The contrast sensitivity of human colour vision to red-green and blue-yellow chromatic gratings. The Journal of Physiology，1985，359（1）：381-400.

[24]　KOCH C，POGGIO T. Predicting the visual world：silence is golden. Nature Neuroscience，1999，2：9-10.

[25]　TREISMAN A M，GELADE G. A feature integration theory of attention. Cognitive Psychology，

1980，12（1）：97-136.

[26]   WOLFE J M. Guided search 2.0 A revised model of visual search. Psychonomic Bulletin &Review，
        1994，1（2）：202-238.

[27]   KOCH C，ULLMAN S. Shifts in selective visual attention：Towards the underlying neural circuitry.
        Human Neurobiology，1985，4：219-227.

[28]   RUBIN E. Figure and ground，Readings in Perception，http://psycnet. apa. org/psycinfo/1959-00274-000.

[29]   MAZZA V，TURATTO M，UMILTA C. Foreground-background segmentation and attention: A change
        blindness study. Psychological Research，2005，69（3）：201210.

[30]   KIMCHI R，PETERSON M A. Figure-ground segmentation can occur without attention.
        Psychology Science，2008，19（7）：660-668.

[31]   BAYLIS G C，DRIVER J，et al. Shape-coding in IT cells generalizes over contrast and mirror
        reversal，but not figure-ground reversal. Nature Neuroscience，2001，4：937-942.

[32]   KOURTZI Z，KANWISHER N. Representation of perceived object shape by the human lateral
        occipital complex. Science，2001，293（5534）：1506-1509.

[33]   ITTI L，KOCH C，NIEBUR E. A model of saliency-based visual attention for rapid scene analysis//IEEE
        Transactions. on Pattern Analysis and Machine Intelligence，1998，20（11）：1254-1259.

[34]   HAREL J，KOCH C，PERONA P. Graph-based visual saliency//Procceding of ANIPS，2006: 545-552.

[35]   JIANG B，ZHANG L，LU H，et al. Saliency detection via absorbing markov chain//Proceedings of the
        IEEE International Conference on Computer Vision，2013：1665-1672.

[36]   YANG C，ZHANG L，LU H，et al. Saliency detection via graph-based manifold ranking//Proceedings
        of the IEEE Conference on Computer Vision and Pattern Recognition，2013：3166-3173.

[37]   LI G，YU Y. Visual saliency based on multiscale deep features//Proceedings of the IEEE Conference
        on Computer Vision and Pattern Recognition，2015：5455-5463.

[38]   LI X，ZHAO L，WEI L，et al. Deep saliency：Multi-task deep neural network model for salient object
        detection//IEEE Transactions on Image Processing，2016，25（8）：3919-3930.

[39]   ZHANG P，WANG D，LU H，et al. Amulet: Aggregating multi-level convolutional features for salient
        object detection//Proceedings of the IEEE International Conference on Computer Vision，2017: 14-25.

[40]   CERF M，HAREL J，EINHÄUSER W，et al. Predicting human gaze using low-level saliency
        combined with face detection. Advances in Neural Information Processing Systems. 2008：241-248.

[41]   QIU X，JIANG S，LIU H，et al. Spatial-temporal attention analysis for home video//Multimedia and
        Expo，2008 IEEE International Conference on IEEE，2008：1517-1520.

[42]   KIENZLE W，SCHÖLKOPF B，WICHMANN F A，et al. How to find interesting locations in video：
        A spatiotemporal interest point detector learned from human eye movements. Pattern Recognition.
        Springer Berlin Heidelberg，2007：405-414.

[43]   NAVALPAKKAM V，ITTI L. Modeling the influence of task on attention. Vision research，2005，
        45（2）：205-231.

[44]   YANG J，YANG M H. Top-down visual saliency via joint crf and dictionary learning. //Proceedings of

the IEEE Conference on Computer Vision and Pattern Recognition，2012：2296-2302.

[45]　GAO D，HAN S，VASCONCELOS N. Discriminant saliency，the detection of suspicious coincidences，and applications to visual recognition. //IEEE Transactions on Pattern Analysis and Machine Intelligence，2009，31（6）：989-1005.

第 2 章 基于像素级非线性融合的夜间 图像显著目标检测

在本章中,我们研究基于像素级非线性融合策略的夜间图像显著目标检测技术。由于显著目标检测的处理是基于多幅图像特征的中心-环绕对比度,如何充分利用这些特征所获得的不同显著图的显著信息的互补性是一个关键问题。

为了解决这个问题,本章提出三种方法来获取非线性地融合显著性信息。第一种方法利用来自频域和空域的有效特征构建用于低对比度图像的显著目标检测模型,并采用离散平稳小波变换(discrete stationary wavelet transform,DSWT)对频域和空域算法的结果进行非线性融合。第二种方法是在计算超像素图像块的全局显著性的基础上,采用非线性融合的方法对显著目标进行检测,得到最终的显著图。第三种方法是通过在多个尺度上非线性地整合局部超像素对比度和全局超像素对比度来呈现显著物体检测模型。这三种方法经实验证明在提高像素级视觉显著性计算的性能方面是有效的。

2.1 频域-空域融合的方法

2.1.1 显著目标检测算法

显著目标检测算法通常可以分为两个不同的方法,分别是基于频域方法和空域方法。空域方法通常适用于计算复杂度较低的图像,这极大地限制了其在实时检测系统中的应用。通常，每个特征点的局部特性可以通过空域来确定，而频域则是对特征点的识别。将空域中的复杂卷积运算转换为频域中简单的乘法运算，可以降低算法的复杂度。通过将图像转换为频域并分析光谱参数，可以很好地获得图像特征的描述。频域方法对复杂背景不敏感，这非常适于对低对比度图像的处理。然而，频域方法倾向于突出物体的边缘，而忽略了物体的内部信息。但空域方法在一定程度上弥补了这些不足。因此，该模型将频域方法和空域方法结合起来进行显著目标的检测。

因为小波变换有局部性和多分辨率的特性，所以基于图像融合方法的小波变换成为了当前研究的热点。小波分解后的高频系数主要反映了重要的低级特征，而低频系数决定了物体的轮廓。为了提高融合效果的稳定性，降低低对比度图像配准误差的灵敏度及噪声的影响，本书利用离散平稳小波变换对频域和空域显著图进行融合。

2.1.2　频域和空域显著目标检测方法相关工作

1. 基于空域的模型

作为一项开创性工作，Itti 等[1]提出一种基于特征整合理论的显著目标检测模型，利用亮度、颜色和方向特征的中心-环绕差异生成显著图。由于视觉注意受低层图像特征的刺激，现有的显著性计算模型大多采用自底向上的空域方法。Harel 等[2]提出基于图的算法和不相似度量，以整合局部唯一性图以生成显著图。Qian 等[3]利用基于熵的最优对比度方案对显著目标进行检测。Chen 等[4]通过对背景图的估计和空间分布的分析，计算出显著图。Xu 等[5]提出一种基于显著性的超像素策略来获得空间显著图。Wang 等[6]提出一种结合空间线索的基于相互一致性指导的显著目标检测模型。You 等[7]通过学习点对集的度量进行显著性估计。Yang 等[8]提出一种基于引导搜索理论（guiding search theory，GST）的显著结构检测的统一框架。Yan 等[9]提出一种基于多级特征学习和稀疏重建的显著目标检测方法。这些空域算法的显著目标检测具有较高的计算复杂度。

2. 基于频域的模型

我们可以通过基于频域的模型有效地计算显著图。Hou 和 Zhang[10]提出谱残差方法，该方法通过局部平均幅度谱滤波来抑制图像的冗余信息。Achanta 等[11]基于频率调谐方法计算显著图，该方法能快速生成全分辨率图。Guo 等[12]利用四元数傅里叶变换的相位谱提出一个显著目标检测模型，解释了为什么幅度谱可以反映场景中的显著区域的问题。Li 等[13]利用无监督学习和监督学习方法，通过分析图像在频域内的显著性来检测显著目标。Chen 等[14]提出一种基于时间傅里叶变换的运动显著目标检测方法。He 等[15]通过使用基于小波分解的特征的低频信息来检测显著目标。Liu 等[16]将频域内的谱残差和相位谱相结合，提出雾天场景下的显著目标检测模型。Arya 等[17]通过使用局部图像特征和全局图像特征提出基于频域的显著目标检测模型。通过对频域算法的分析可以发现，幅度谱可以反映背景信息并突出边缘信息，而相位谱反映了包含图像大部分细节信息的结构信息。

3. 频域和空域算法的结合

频域和空域算法的结合可以充分利用这两种方法的优点。Zhang 等[18]通过融合基于视觉显著性值和空间权重信息的对比度差异和特征频率，提出一种新颖的显著目标检测模型。Sun 等[19]在频域检测到明显的梯度变化，然后在空域中的对应区域进行分割。Chen 等[20]提出一种利用多空域 Gabor 滤波器的基于频域的显著目标检测模型。Liu 和 Hu[21]通过结合频域和空域对比度信息的分析来探索显著目标检测。Zhang 等[22]将基于四元数傅里叶变换和自适应方向增强提升小波变换的全局频域和全局空域显著图融合在一起。Wan 等[23]提出基于频域显著性直方图和空域几何不变性检测红外小移动目标的方法。我们可以通过这些整合的模型实时生成显著图，并且可以均匀地突出显著区域。

　　4. 图像融合

　　在生成不同的显著图之后，大多数显著目标检测模型[24-25]使用加权算法来融合它们。最终的显著图容易受到噪声的影响。Han 等[26]提出一种用于红外和可见光图像融合的显著性感知融合算法。Wei 等[27]利用无监督的 Dempster-Shafer 理论来融合显著性信息。Meng 等[28]通过考虑显著图和兴趣点，提出一种基于区域的图像融合方法。Iqbal 等[29]通过使用学习分类器系统（learing classifier systems，LCS）融合不同的图像特征来进行显著目标检测。Wang 等[30]采用两阶段贝叶斯框架融合图像特征进行显著目标检测。Li 等[31]提出一种基于稀疏双低秩分解融合多个显著图的方法。这些融合方法可以有效地整合显著性信息，但算法效率不高，容易忽略显著对象的内部信息[32]。

2.1.3　显著目标检测模型

　　本节提出一种简单的显著模型，该模型利用频域算法和空域算法来检测低对比度图像中的显著对象，然后用离散平稳小波变换将基于频域的显著图和基于空域的显著图进行融合。本节提出的显著目标检测模型的流程图如图 2.1 所示。

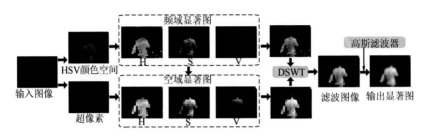

图 2.1 显著目标检测模型的流程图

1. 基于频域的算法

对于一张图像来说，背景区域通常比前景目标更锐利，如图 2.2 所示。图 2.2（a）仅包含背景区域，图 2.2（c）包含前景目标并且具有与图 2.2（a）相同的背景。图 2.2（b）和图 2.2（d）分别对应图（a）和图（c）的振幅谱。从图中可以看出，将前景物体加入图像区域后，振幅谱的峰值明显降低，即背景区域和前景区域分别代表高振幅和低振幅。

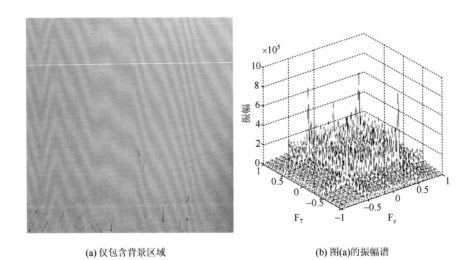

(a) 仅包含背景区域   (b) 图(a)的振幅谱

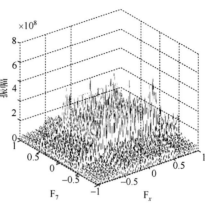

(c) 包含背景目标和背景区域　　　　　　　　(d) 图(c)的振幅谱

图2.2　没有显著物体和含有显著物体的输入图像（a）和（c）的振幅谱（b）和（d）的比较

因此，通过限制来自振幅谱的冗余背景信息，可以明显突出显著区域。我们可以通过去除振幅谱中的峰值来实现该操作。

图 2.2 表明背景区域具有比前景区域更高的幅度。在本节提出的模型中，输入图像首先被转换至色调-饱和度-明度（hue-saturation-value，HSV）颜色空间，这对特定的颜色分割具有良好的效果。对于夜间图像，颜色区域分为两个主要区域：黑色区域和白色区域。HSV 颜色空间的 H、S 和 V 通道可分别表示色调、饱和度和明度信息。因此，在 HSV 颜色空间中可以很好地描述具有单调颜色、低亮度和低对比度的夜间图像的特性。

通过快速傅立叶变换（fast Fourier transform，FFT）计算 H、S 和 V 通道的频谱：

$$F(u,v) = \sum_{x=0}^{M-1}\sum_{y=0}^{N-1} f(x,y)\mathrm{e}^{-j2\pi\left(\frac{ux}{M}+\frac{vy}{N}\right)} \tag{2.1}$$

其中 $F(u,v)$ 和 $f(x,y)$ 分别表示频域和空域中的图像像素；N 和 M 表示图像的高度和宽度。获得频域图后，相位谱和幅度谱可以由以下公式实现：

$$P(u,v) = \text{angle}(F(u,v)) \tag{2.2}$$

$$A(u,v) = \text{abs}(F(u,v)) \tag{2.3}$$

其中 angle($\cdot$) 和 abs($\cdot$) 分别表示相位谱函数和幅度谱函数。接下来，通过中值滤波器来消除每个幅度谱的峰值：

$$A(u,v) = \text{medfilt}\, 2(A(u,v)) \tag{2.4}$$

其中 medfilt 2($\cdot$) 为中值滤波函数，可以较好地消除峰值。得到新的频域图为

$$F(u,v) = \left| A(u,v) \right| \text{e}^{-jP(u,v)} \tag{2.5}$$

通过快速傅里叶逆变换（inverse fast Fourier transform，IFFT），将频域图通过以下步骤转换为空域图：

$$f(x,y) = \frac{1}{MN} \sum_{x=0}^{M-1} \sum_{y=0}^{N-1} F(u,v) \text{e}^{j2\pi\left(\frac{ux}{M}+\frac{vy}{N}\right)} \tag{2.6}$$

将滤波后的幅度谱与原始的相位谱相结合，构成 HSV 颜色空间中各通道的显著图（记为 H_{map}、S_{map}、V_{map}）。频域显著图（记为 S_1）为 H_{map}、S_{map} 和 V_{map} 的总和。

2. 基于空域的算法

利用上述频域算法计算 H、S、V 颜色通道的频域显著图后，可以用空域算法处理得到显著图。

首先，利用简单线性迭代聚类（simple linear iterative clustering，SLIC）

算法[33]将输入的低对比度图像分割为超像素块（记为 $SP(i)$，$i = 1, \cdots, Num$，$Num = 300$）。通过这种预处理操作可以大大降低计算复杂度，这也可以在保留显著对象的边界和纹理信息方面发挥重要作用。

将得到的 H、S、V 通道的频域显著图（H_{map}，S_{map}，V_{map}）作为显著性特征。然后分别计算三幅图中每个超像素 $SP(i)$ 的局部-全局显著性值（记为 $S_{Hmap}(i)$，$S_{Smap}(i)$ 和 $S_{Vmap}(i)$）。

$$S_{Hmap}(i) = 1 - \exp\left\{ -\frac{1}{Num-1} \sum_{j=1}^{Num(j\neq i)} \frac{d_{Hmap}(SP(i), SP(j))}{1 + E(SP(i), SP(j))} \right\} \quad (2.7)$$

其中 $d_{Hmap}(SP(i), SP(j))$ 表示 H_{map} 中 $SP(i)$ 和 $SP(j)$ 的平均值之间的差值，$E(SP(i), SP(j))$ 表示 $SP(i)$ 和 $SP(j)$ 之间的平均欧几里得距离。

可以根据式（2.7）生成局部-全局显著值 $S_{Smap}(i)$ 和 $S_{Vmap}(i)$ 的超像素 $SP(i)$。

最后，每个超像素 $SP(i)$ 的显著值是 $S_{Hmap}(i)$、$S_{Smap}(i)$ 和 $S_{Smap}(i)$ 的总和。空域显著性图表示为 S_2。

3. 基于离散平稳小波变换的图像融合

为了使融合图像具有比任何源图像更好的性能，可以利用离散平稳小波变换对频域和空域的显著图进行融合，使目标得到更准确的反映。

本节所提出的方法利用 2 级 DSWT 对显著图进行去噪并对其进行小波分解。2 级 DSWT 的过程如图 2.3 所示。设 $h_1[n]$ 和 $g_1[n]$ 分别表示第 1 级变换的低通滤波器和高通滤波器。第 2 级滤波 $h_2[n]$ 和 $g_2[n]$ 可以通过第 1 级滤波的上采样获得。然后得到近似低通子带 A_2、水平高频子带 H_2、垂直高频子带 V_2 和对角高频子带 D_2。由于低通子带和高通子带与原始图像大小相同，使得 DSWT 具有平移不变性，从而可以很好地保存细节信息。

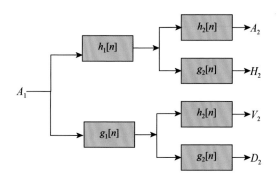

图 2.3 2 阶离散平稳小波变换

给定频域显著图 S_1 和空域显著图 S_2 ，可以根据 2 级 DSWT 进行图像融合：

$$\left[A_1S_1, H_1S_1, V_1S_1, D_1S_1\right] = \text{swt2}(S_1, 1, \text{'sym2'}) \tag{2.8}$$

$$\left[A_1S_2, H_1S_2, V_1S_2, D_1S_2\right] = \text{swt2}(S_2, 1, \text{'sym2'}) \tag{2.9}$$

$$\left[A_2S_1, H_2S_1, V_2S_1, D_2S_1\right] = \text{swt2}(A_1S_1, 1, \text{'sym2'}) \tag{2.10}$$

$$\left[A_2S_2, H_2S_2, V_2S_2, D_2S_2\right] = \text{swt2}(A_1S_2, 1, \text{'sym2'}) \tag{2.11}$$

其中 swt2(·) 为多级离散平稳小波变换函数，输出三维数组 A_iS_j 为使用 'sym2' 滤波的显著图 S_j 的 i 级近似低频系数，输出三维数组为 H_iS_j ， V_iS_j ， D_iS_j 分别表示水平方向、垂直方向和对角方向的高频系数。

2 级融合计算如下：

$$A_2S_f = 0.5 \times (A_2S_1 + A_2S_2) \tag{2.12}$$

$$H_2S_f = D \cdot H_2S_1 + \tilde{D} \cdot H_2S_2, D = \left(\left|H_2S_1\right| - \left|H_2S_2\right|\right) \geqslant 0 \tag{2.13}$$

$$V_2S_f = D \cdot V_2S_1 + \tilde{D} \cdot V_2S_2, D = \left(\left|V_2S_1\right| - \left|V_2S_2\right|\right) \geqslant 0 \tag{2.14}$$

$$D_2S_f = D \cdot D_2S_1 + \tilde{D} \cdot D_2S_2, D = \left(\left|D_2S_1\right| - \left|D_2S_2\right|\right) \geqslant 0 \tag{2.15}$$

1 级融合计算如下：

$$A_1S_f = \text{iswt2}(A_2S_f, H_2S_f, V_2S_f, D_2S_f, \text{'sym2'}) \qquad (2.16)$$

$$H_1S_f = D \cdot H_1S_1 + \tilde{D} \cdot H_1S_2, D = \left(\left|H_1S_1\right| - \left|H_1S_2\right|\right) \geqslant 0 \quad (2.17)$$

$$V_1S_f = D \cdot V_1S_1 + \tilde{D} \cdot V_1S_2, D = \left(\left|V_1S_1\right| - \left|V_1S_2\right|\right) \geqslant 0 \quad (2.18)$$

$$D_1S_f = D \cdot D_1S_1 + \tilde{D} \cdot D_1S_2, D = \left(\left|D_1S_1\right| - \left|D_1S_2\right|\right) \geqslant 0 \quad (2.19)$$

其中 swt2(·) 表示逆离散平稳小波变换函数。

融合图像可以通过以下方式计算：

$$Salmap = \text{iswt2}(A_1S_f, H_1S_f, V_1S_f, D_1S_f, \text{'sym2'}) \qquad (2.20)$$

最后通过高斯滤波器对获得的显著图进行平滑处理。

2.1.4　实验

基于 DSWT 对低对比度图像频域和空域显著性信息进行融合。

1. 数据集

为了验证所提出的显著目标检测模型的性能，在三个可见光图像数据集和一个低对比度图像数据集上进行了实验，包括：MSRA[34]、DUT-OMRON[35]、PASCAL-S[36] 和夜间图像（NI）数据集。

MSRA 数据集包含 10000 个自然图像。

DUT-OMRON 数据集包含各种具有挑战性的低质量图像。

PASCAL-S 数据集包含杂乱背景的图像。

我们的夜间图像（NI）数据集包含一个支架摄像头拍摄的 200 张夜间图像。每幅图像的分辨率为 640×480，我们也提供了手动标记的基准显著图。

2. 实现环境

实验在有 Intel（R）Core（TM）i5-5250U 1.60 GHz CPU 和 8GB RAM 的 PC 机上进行。

3. 评价标准和与国内外主流方法比较

我们将所提出的模型与包括 SR[10]，FT[11]，NP[37]，CA[38]，PD[39]，SO[40]，BL[41]，SC[42]，SMD[43]和 MIL[44]在内的 10 种主流的显著目标检测模型进行比较。

对于定量评估，图 2.4 显示了 4 个数据集上各种显著目标检测模型的真阳性率（true positive rate，TPR）和假阳性率（false positive rate，FPR）性能比较。精确度、召回率和 F_{measure} 性能比较显示在图 2.5 中。这两种方法是通过将显著图阈值化为二进制图，并通过以下方式比较每个像素与基准显著图的差异来执行的：

$$TPR = \frac{TP}{TP + FN}, TPR = \frac{FP}{FP + TN} \tag{2.21}$$

$$Recall = \frac{TP}{TP + FN}, Precision = \frac{TP}{TP + FP} \tag{2.22}$$

$$F_{\text{measure}} = \frac{(1 + \beta^2)Precision \cdot Recall}{\beta^2 \cdot Precision + Recall} \tag{2.23}$$

其中真阳性（true positive，TP）是正确识别显著区域的像素集合；假阳性（false positive，FP）是错误识别显著区域的像素集合；真阴性（true negative，TN）是正确识别非显著区域的像素集合；假阴性（false negative，FN）是错误地识别非显著区域的像素集合；β^2 是衡量精度和召回率的参数，在我们的实验中取值 0.3。

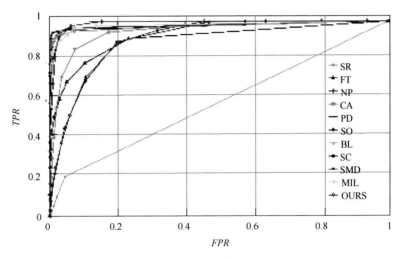

(a) MSRA 数据集

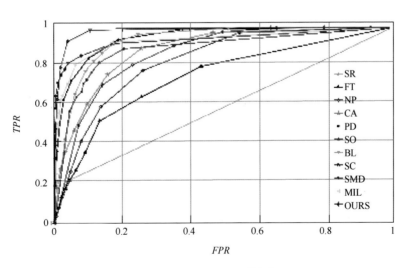

(b) DUT-OMRON 数据集

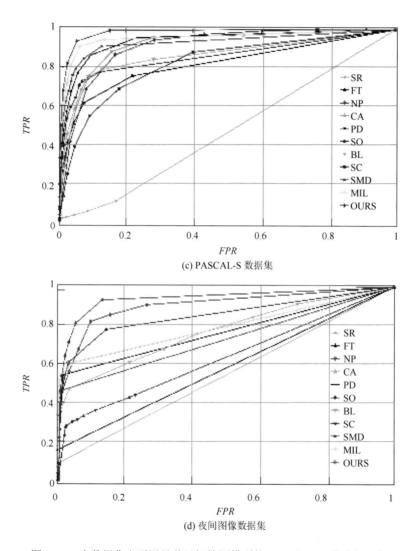

(c) PASCAL-S 数据集

(d) 夜间图像数据集

图 2.4　4 个数据集上不同显著目标检测模型的 TPR 和 FPR 曲线的比较

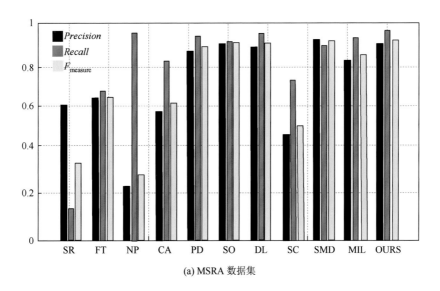

(a) MSRA 数据集

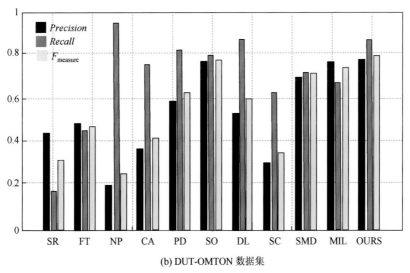

(b) DUT-OMTON 数据集

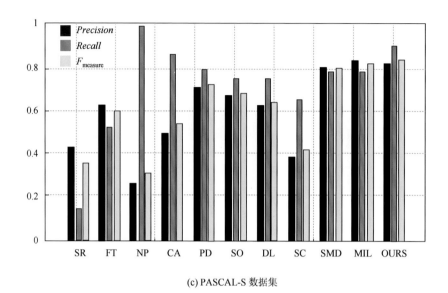

(c) PASCAL-S 数据集

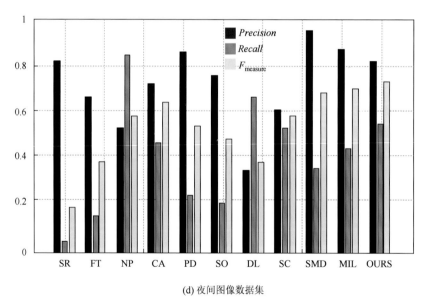

(d) 夜间图像数据集

图 2.5　4 个数据集上不同显著目标检测模型的精度、查全率和性能比较

　　从图 2.4 和图 2.5 可以看出，本节提出的显著目标检测模型优于其他显著目标检测模型，在夜间图像数据集上获得了优异的性能。

各个显著目标检测模型在 4 个数据集上的曲线下面积（AUC）值和平均绝对误差（MAE）性能比较分别见表 2.1 和表 2.2。AUC 值由 TPRs 和 FPRs 曲线下面积来评估。MAE 值由最终显著图（记为 $Salmap(x,y)$）与基准显著图（记为 $GT(x,y)$）的差值求得，通过如下公式计算：

$$MAE = \frac{1}{M \times N} \sum_{1}^{M} \sum_{1}^{N} \left| Salmap(x, y) - GT(x, y) \right| \qquad （2.24）$$

这两个指标可以很好地说明生成的显著图较好的预测人类视觉系统的真实注意区域。如表 2.1 和表 2.2 所示，本节提出的显著目标检测模型具有最先进的性能。

表 2.1 4 个数据集上不同显著目标检测模型的 AUC 性能比较 （单位：s）

数据集	SR	FT	NP	CA	PD	SO	BL	SC	SMD	MIL	OURS
MSRA	0.5788	0.9101	0.9110	0.9483	0.9750	0.9753	0.9737	0.9078	0.9809	0.9799	0.9916
DUT-OMRON	0.5876	0.7487	0.8707	0.8872	0.9496	0.9398	0.9334	0.8313	0.8908	0.9337	0.9847
PASCAL-S	0.4653	0.8166	0.9118	0.9161	0.9387	0.8569	0.8643	0.8227	0.9302	0.9534	0.9819
NI	0.5415	0.5771	0.9034	0.7895	0.7642	0.6316	0.7695	0.8532	0.7268	0.7919	0.9310

表 2.2 4 个数据集上不同显著目标检测模型的 MAE 性能比较（单位：s）

数据集	SR	FT	NP	CA	PD	SO	BL	SC	SMD	MIL	OURS
MSRA	0.1120	0.1191	0.3859	0.1585	0.0968	0.0394	0.1115	0.1840	0.0498	0.0693	0.0466
DUT-OMRON	0.3108	0.1918	0.4062	0.1875	0.1463	0.0782	0.1952	0.2085	0.1275	0.0996	0.0894
PASCAL-S	0.2446	0.1327	0.3688	0.1951	0.1236	0.0977	0.1594	0.1836	0.0836	0.0875	0.0915
NI	0.1561	0.1558	0.1607	0.1350	0.1375	0.1486	0.3216	0.1641	0.1224	0.1258	0.1176

平均计算时间性能比较如表 2.3 所示。基于频域的方法 SR 和 FT 是省时的，因为这两种方法只包含几行代码。本节提出的模型比空域算法 CA、PD、BL、SC 和 MIL 快得多。对于本节提出的显著物体检测模型和性能评估的实验设计，算法中有一些参数需要预测试和预训练，但在计算过程中不需要任何训练，因此计算时间可以大大减少。基于学习的显著目标检测模型 BL 和 MIL 需要在计算过程中进行训练，其分辨率为 640×480 ，BL 和 MIL 方法的图像显著目标检测的平均时间分别为 74.6387 s 和 235.7800 s。因此，基于学习的显著目标检测方法具有高复杂性和低效率等特性。相比之下，本节提出的显著目标检测模型在计算中不需要任何训练过程，就可以实时获得显著目标。

表 2.3　4 个数据集上不同显著目标检测模型的运行时性能比较　（单位：s）

数据集	SR	FT	NP	CA	PD	SO	BL	SC	SMD	MIL	OURS
MSRA	2.2897	0.2614	1.8266	44.1717	9.9815	0.9275	48.7650	56.5527	3.1435	112.0104	4.1170
DUT-OMRON	1.5562	0.2284	1.3641	44.3125	4.6641	0.2462	13.9864	27.0893	3.0219	90.8766	2.9024
PASCAL-S	2.6094	0.2995	1.4700	102.2500	8.1706	0.5443	18.5667	27.2580	4.1510	140.9167	4.0676
NI	0.9786	0.7112	4.9095	126.2892	22.5500	2.0938	74.6387	42.0445	5.7625	235.7800	5.2133

不同显著目标检测模型在 4 个数据集上的显著图比较如图 2.6 所示，图 2.6 的主观对比表明本节提出模型的显著图与基准显著图非常接近。SR、FT 和 NP 模型的显著图不能很好地反映真实的显著目标。其他模型不能准确区分复杂背景和低对比度图像中的显著目标。相对而言，本节提出的显著目标检测模型能够取得更好的主观表现。

MSRA 数据集

DUT-OMRON 数据集

PASCAL-S 数据集

夜间图像数据集

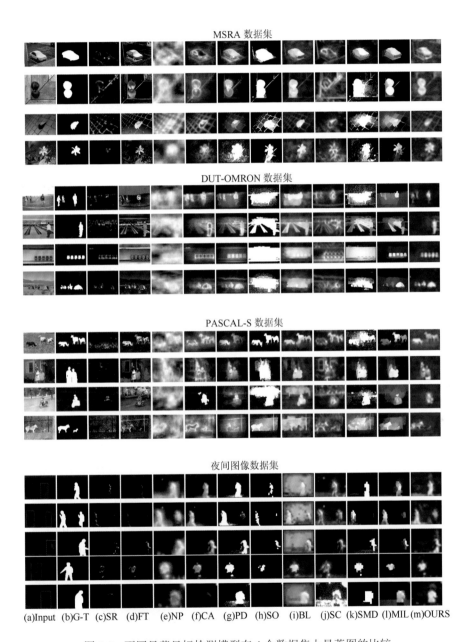

(a)Input　(b)G-T　(c)SR　(d)FT　(e)NP　(f)CA　(g)PD　(h)SO　(i)BL　(j)SC　(k)SMD (l)MIL (m)OURS

图 2.6　不同显著目标检测模型在 4 个数据集上显著图的比较

（a）输入图像；（b）基准显著图；（c）～（l）10 种主流的显著目标检测模型的显著图；（m）本节提
出模型的显著图

2.1.5　总结

本节针对低对比度图像提出一种有效的显著目标检测模型。该模型将频域算法和空域算法相结合，对显著目标进行估计。首先，通过消除 HSV 颜色空间中不同颜色通道幅值谱中的峰值来抑制背景信息，然后计算基于超像素的局部-全局对比度来获得显著区域。最后，通过离散平稳小波变换，融合频域和空域的显著图。实验结果表明，本节提出的显著目标检测模型在低对比度图像中具有较好的检测性能。

2.2　基于超像素的全局对比度驱动方法

在本节中，我们提出一种基于超像素图像块中全局显著性的计算来检测显著目标的新方法。该方法通过简单的对比度测量来处理图像，该测量首先计算两个超像素的全局差异以获得显著图，然后，通过引入超像素间相似性方法来细化显著图。该方法能较好地提取低对比度能见度条件下的显著目标。本节方法的框架图如图 2.7 所示。

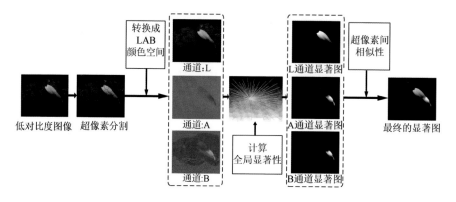

图 2.7　提出模型的框架图

2.2.1 基于超像素的全局对比度驱动的显著目标检测算法

1. 超像素分割

为了简化操作，本节利用超像素分割方法将原始图像分割成多个超像素。我们采用简单线性迭代聚类算法[33]来完成这个过程。SLIC 算法具有良好的感知特性，计算速度非常快。在本节中，我们通过分析处理时间和边界召回率之间的关系来选择超像素的最优数量（记为 n）。图 2.8（a）和（b）分别绘制了所花费的时间和边界召回率对超像素数量的依赖性。

从图 2.8 中可以看出，在上述公开数据集上进行测试，我们可以观察到 SLIC 算法的时间消耗随着超像素数量的增加而增长，并且边界召回率也变得更高。然而，当超像素的数量大于 200 时，召回率的增长速度将降低。因此，在本节中将最佳超像素数量 n 设置为 200，这足以使我们学习不同区域之间的全局差异并检测低对比度图像中的显著目标。这样不仅可以保证良好的边界召回率，还可以缩短计算时间。

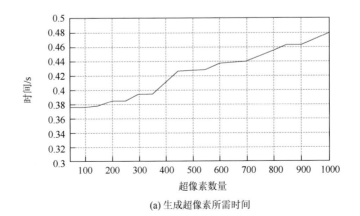

(a) 生成超像素所需时间

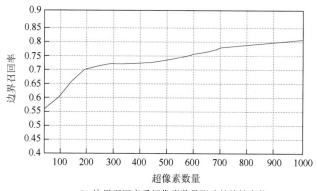

(b) 边界召回率受超像素数量影响的线性变化

图 2.8　生成超像素所需时间和边界召回率受超像素数量影响的线性变化

2. 全局对比度方法

首先将原始图像转换为 CIELab 空间，并分解为相应的 L、A 和 B 分量。对于每个分量，超像素分别表示为 $SP_L(i)$、$SP_A(i)$ 和 $SP_B(i)$，（$i=1,\cdots,n$）。每个分量中每个超像素对应的显著性值分别表示为 $SV_L(i)$、$SV_A(i)$ 和 $SV_B(i)$。我们通过测量超像素 $SP_L(i)$ 内的每个像素值（表示为 $SP_L(i;x,y)$）与所有其他超像素（表示为 $\overline{SP_L}(j),\ j=1,\cdots,n$）的平均值之间的差异来定义超像素的显著性值，其计算公式如下：

$$SV_L(i)=\sum_{j=1}^{n}w(i,j)\cdot\left|SP_L(i;x,y)-\overline{SP_L}(j)\right| \qquad (2.25)$$

通过计算超像素区域 $SP_L(j)$ 的像素数量（记为 $Num(j)$），$SP_L(i)$ 和 $SP_L(j)$ 的空间中心之间的欧氏距离，得到超像素 $SP_L(i)$ 和 $SP_L(j)$ 之间的权值 $w(i,j)$，分别记为 $c(i)$ 和 $c(j)$。具体计算如下：

$$w(i,j)=\frac{Num(j)}{|c(i)-c(j)|} \qquad (2.26)$$

然后在 A 和 B 分量中执行上述算法，计算每个超像素的显著性值 $SV_A(i)$ 和 $SV_B(i)$。将 L、A、B 分量的显著图融合，得到显著图（记为 S_{map}）：

$$S_{\mathrm{map}} = \sqrt{SV_L \cdot SV_L + SV_A \cdot SV_A + SV_B \cdot SV_B} \qquad (2.27)$$

得到的显著图在区间[0，1]进行归一化，归一化特征图由公式（2.28）计算：

$$S_{\mathrm{map}} = \frac{S_{\mathrm{map}} - \min(S_{\mathrm{map}})}{\max(S_{\mathrm{map}}) - \min(S_{\mathrm{map}})} \qquad (2.28)$$

为了进一步提高性能，使用中值滤波对生成的显著图进行平滑处理，可以更好地突出显著目标的边缘。

3. 内部相似性测度

我们还引入超像素间相似性度量[44]来细化得到的显著图。每个超像素被分配到一个超像素级的直方图 $H_k(i)$，该直方图是根据带有 m 条记录的颜色量化表计算出来的。直方图被归一化为 $\sum_{k=1}^{m} H_k(i) = 1$。两个超像素 $SP(i)$ 和 $SP(j)$ 之间的超像素间相似性由以下公式计算：

$$S(i, j) = \frac{S_{\mathrm{color}}(i, j)}{\left| c(i) - c(j) \right|} \qquad (2.29)$$

每个直方图之间的交集总和为颜色相似度 $S_{\mathrm{color}}(i, j)$：

$$S_{\mathrm{color}}(i, j) = \sum_{k=1}^{m} \min \left\{ H_k(i), H_k(j) \right\} \qquad (2.30)$$

通过利用超像素间相似性度量来重新计算每个超像素的最终显著值，使得具有更高相似性的超像素具有更大的相似值。

$$S'_{\mathrm{map}}(i) = \frac{\sum_{j=1}^{n} S(i, j) \cdot S_{\mathrm{map}}(j)}{\sum_{j=1}^{n} S(i, j)} \qquad (2.31)$$

通过本节提出的方法获得的显著图的性能评估将在下一节进行描述。

2.2.2 实验结果

通过实验验证了我们提出的方法在 4 个数据集上的性能：

（1）MSRA 数据集[45]，其中主要显著目标由不同的人类主体进行标记；

（2）SED 数据集[46]，它提供三个人类主体分割的基准显著图；

（3）CSSD 数据集[47]更具挑战性，包含复杂场景；

（4）本研究创建的夜间图像数据集，包含大量分辨率为1280×720×240的夜间低对比度图像。

我们将显著目标检测模型与现有的 8 种主流的显著目标检测模型进行比较，包括频率调谐（FT）方法[11]、上下文感知（CA）方法[37]、显著性使用自然统计（SUN）方法[1]、非参数（NP）方法[36]、图像签名（IS）方法[48]、块差异性（PD）方法[38]、基于图的流形排序（GBMR）方法[34]，以及显著性优化（SO）方法[39]。

为了评价我们提出的显著目标检测模型的性能，我们引入受试者工作特征（receiver operator characteristic，ROC）图来检验所生成的显著图的准确性。ROC 图是包含真阳性率（TPR）和假阳性率（FPR）的二维图。将得到的 TPRs 和 FPRs 作图生成 ROC 曲线，分别在 MSRA、SED、CSSD和夜间图像数据集上进行测试，8 种方法与我们所提出方法的 ROC 性能比较如图 2.9 所示。

从图 2.9 可以看出，我们提出的方法在 MSRA、SED、CSSD 和夜间图像数据集中的性能优于其他 8 种主流的显著目标检测方法，对于对比度相对较低的夜间图像，整体性能会下降。计算曲线下面积（area under the care，AUC）以进行直观比较，AUC 可以显示生成的显著图对人类感

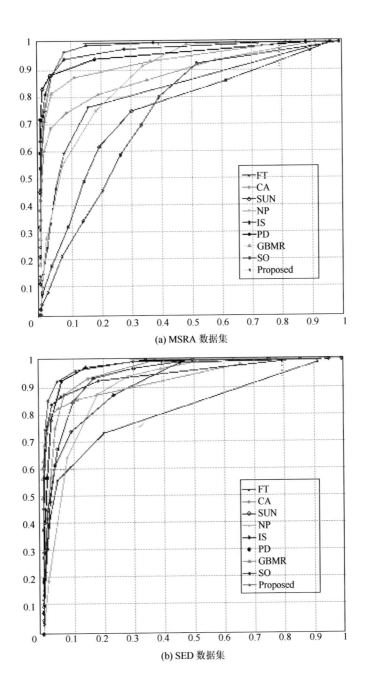

(a) MSRA 数据集

(b) SED 数据集

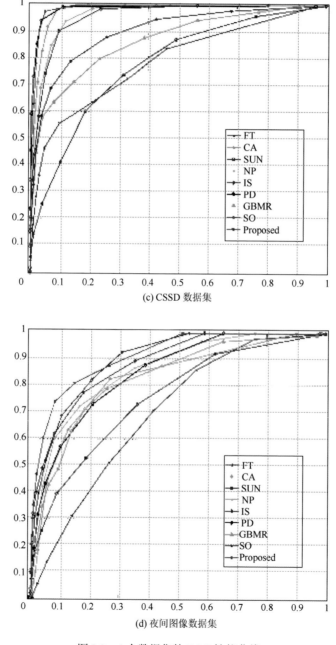

(c) CSSD 数据集

(d) 夜间图像数据集

图 2.9 4 个数据集的 ROC 性能曲线

兴趣区域的预测效果。表 2.4 显示了 4 个数据集上各种显著目标检测模型的 AUC 值。可以观察到，我们提出的模型在所提到的 4 个数据集上具有最先进的性能。

表 2.4　不同显著目标检测模型的显著图在 4 个数据集上的 AUC 性能（单位：s）

数据集	检测模型								
	FT	CA	SUN	NP	IS	PD	GBMR	SO	Proposed
MSRA	0.7515	0.9149	0.7188	0.8458	0.7396	0.9287	0.8722	0.9317	0.9551
SED	0.7326	0.9135	0.8806	0.8643	0.8356	0.9428	0.8469	0.9051	0.9458
CSSD	0.7382	0.9408	0.7280	0.9317	0.9365	0.9507	0.8039	0.8693	0.9518
夜间图像	0.6978	0.7283	0.7533	0.8305	0.8506	0.8281	0.7991	0.8685	0.8767

为了定量评价显著目标检测性能的客观比较，我们引入由二值化显著图和基准显著图掩膜比较计算出的精度、查全率。为了进一步评价得到的显著图二元掩膜的精度，本节采用 F_{measure} 由以下公式计算：

$$F_{\text{measure}} = \frac{(1+\beta^2) Precision \times Recall}{\beta^2 \times Precision + Recall} \qquad (2.32)$$

我们将提出的方法用于衡量精度和召回率比较。这些不同方法的精确度、召回率和 F_{measure} 的比较如下：

如图 2.10 所示，我们提出的方法的 F_{measure} 值相对于其他 8 种方法都要高，说明该方法对人眼注视的预测性能非常好。夜间图像数据集中各种显著目标检测模型的召回率不高，可能是由于数据集中的显著目标过小，导致 F_{measure} 性能较低。

运行时间也被用来评估各种算法的效率。该实验是在具有 4GB RAM 的 Intel 2.9GHz CPU 机器上进行的，所有方法都使用 MATLAB 实现。从

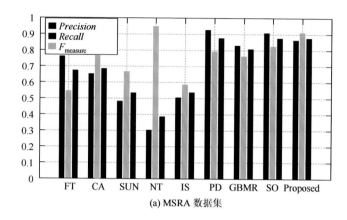

(a) MSRA 数据集

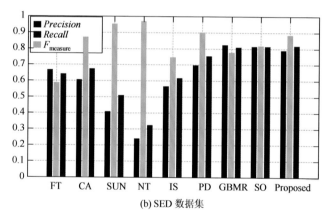

(b) SED 数据集

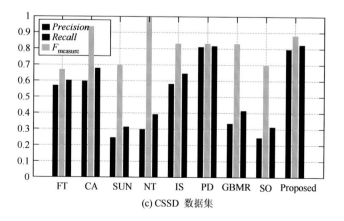

(c) CSSD 数据集

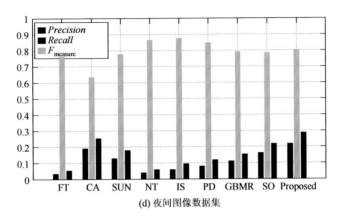

(d) 夜间图像数据集

图 2.10　4 种数据集上不同显著目标检测模型的精度、查全率和性能比较

表 2.5 可以看出，IS 方法比较省时，但只能生成低分辨率显著图。我们提出的方法的计算复杂度虽然略高于基于超像素的 GBMR 方法，但可以得到更准确的估计。

表 2.5　4 个数据集上各种显著目标检测模型的运行时间　　（单位：s）

数据集	检测模型								
	FT	CA	SUN	NP	IS	PD	GBMR	SO	Proposed
MSRA	0.29	96.19	3.07	10.36	0.15	23.38	3.37	1.19	5.20
SED	0.22	33.56	1.57	2.00	0.15	5.20	0.85	1.03	2.30
CSSD	0.28	81.58	2.07	2.13	0.14	7.64	0.87	1.11	3.24
夜间图像	1.62	98.79	25.00	47.85	0.24	151.39	8.72	17.12	38.43

主观比较如图 2.11、图 2.12 所示。从图 2.11 可以看出，GBMR、SO 和所提方法得到的显著图具有均匀的显著区域，显著性目标与基准显著图二值掩膜更相似。NP 的显著图没有清楚地区分显著区域与周围环境。CA 和 PD 方法具有良好的检测效果，但它们检测到的显著目标不均匀，且很耗时。在

复杂背景条件下，其他方法无法正确检测真实的显著目标。从图 2.12 可以看出，我们提出的模型可以更好地检测低对比度图像中的显著目标，并且比其他方法更有效。

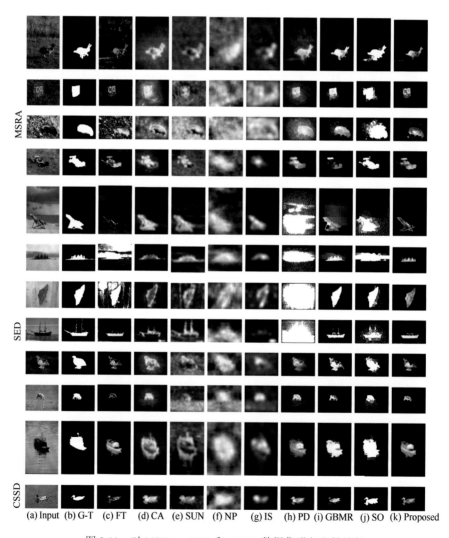

(a) Input　(b) G-T　(c) FT　(d) CA　(e) SUN　(f) NP　(g) IS　(h) PD　(i) GBMR　(j) SO　(k) Proposed

图 2.11　对 MSRA、SED 和 CSSD 数据集进行定性比较

　　图 2.11 和图 2.12 中（a）表示检测低对比度图像，（b）表示基准显著图二元掩膜，（c）～（j）表示由各种主流的显著目标检测模型获得的显著图，（k）表示通过该方法获得的显著图。

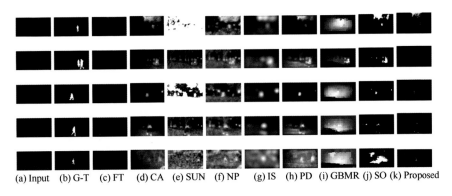

(a) Input　(b) G-T　(c) FT　(d) CA　(e) SUN　(f) NP　(g) IS　(h) PD　(i) GBMR (j) SO (k) Proposed

图 2.12　夜间图像数据集的定性比较

2.2.3　总结

　　在本节中，我们提出一种有效的基于全局对比度和超像素间相似性的显著目标检测模型。我们在现有的 MSRA、SED、CSSD 数据集和夜间图像数据集上进行用于显著目标检测的实验，结果表明，我们提出的方法优于现有的 8 种显著目标检测模型。现有的显著目标检测计算方法大多不能很好地处理低对比度的图像，而我们提出的方法在这方面具有优异的性能。

2.3　基于局部-全局对比度的多尺度超像素级显著目标检测模型

　　本节提出一种基于多尺度超像素的显著目标检测框架，并聚焦局部对比度和全局对比度为中心的同步建模。首先，我们采用一种高效的简单线性迭代聚类算法[32]生成超像素，然后通过亮度、颜色和梯度特征三个描述符计算每个超像素的显著性。

考虑局部和全局对比度，我们利用暗通道先验和中心先验，可以更好地描述图像中的显著性信息。本节提出的显著目标检测模型流程图如图 2.13 所示。

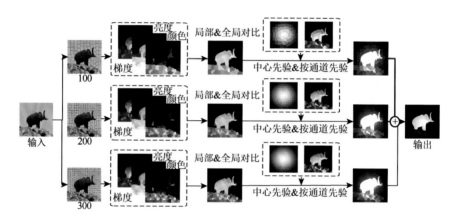

图 2.13　本节提出框架的流程图

2.3.1　多尺度特征提取

首先将输入图像分割为 N 个超像素 $SP(i)$ ，$i=1,\cdots,N$ 。

对于基于超像素的显著目标检测模型，受超像素个数影响的分割方法将直接影响显著图的精度。对于背景区域，在不同的尺度上可能有相似的超像素。在几个尺度上，显著区域一定会有相似的超像素。

为了解决尺度问题，本节提出的方法是在多个尺度上进行显著目标检测，其中 $N=100,200,300$ 。我们计算每个尺度上所有超像素的亮度、颜色和梯度对比度。一般来说，高显著性值表示超像素及其邻域对比度高。

1. 亮度特征对比度

在许多情况下，视觉注意力可能主要基于亮度的差异。亮度特征会在不同程度上影响其他视觉特征的性能。首先，我们输入一个 RGB 图像并将其转换至 CIELAB 颜色空间。然后，利用分量 L 计算亮度差。如果一个超像素相对于其他所有超像素都是独特的，那么它就被认为是显著的。设 $d_{\text{lightness}}(SP(i),SP(j))$ 为组件 L 中超像素 $SP(i)$ 和超像素 $SP(j)$ 的平均亮度值之间的欧几里得距离。当亮度差 $d_{\text{lightness}}(SP(i),SP(j))$ 较大时，超像素被认为是显著的。因此，对于每一个超像素 $SP(i)$，（$i=1,\cdots,N$），我们计算局部亮度与所有其他 $N-1$ 个超像素 $SP(j)$ 的差异来评估其全局对比度。超像素 $SP(i)$ 和超像素 $SP(j)$ 的中心位置之间的欧氏距离表示为 $d_{\text{lightness}}(SP(i),SP(j))$，其被归一化到[0, 1]。我们将两个超像素之间的亮度差异定义为：

$$\text{LD}(SP(i),SP(j)) = \frac{d_{\text{lightness}}(SP(i),SP(j))}{1 + d_{\text{position}}(SP(i),SP(j))} \qquad (2.33)$$

定义超像素 $SP(i)$ 在尺度 n（$n=1,2,3$ 分别表示 3 个尺度）上的亮度显著值为：

$$\text{LS}_i^n = 1 - \exp\left\{-\frac{1}{N-1}\sum_{j=1}^{N(j\neq i)}\text{LD}(SP^n(i),SP^n(j))\right\} \qquad (2.34)$$

然后，我们将每个尺度的亮度显著图（表示为 LS^n）标准化到[0，1]。最后，用不同尺度的均值表示亮度特征对比度的显著图。

$$\overline{\text{LS}} = \frac{1}{3}\sum_{n=1}^{3}\text{LS}^n \qquad (2.35)$$

2. 颜色特征对比度

除亮度对比度外，还需要根据色彩对比度的各个方面选择视觉特征。颜色特征是反映显著信息的重要指标之一。通过计算超像素 $SP(i)$ 与超像素 $SP(j)$ 在分量 A 和分量 B 中的平均颜色值之间的欧几里得距离来计算颜色差异。

$$CD(SP(i),SP(j)) = \frac{\sqrt{d_A(SP(i),SP(j))^2 + d_B(SP(i),SP(j))^2}}{1 + d_{\text{position}}(SP(i),SP(j))} \quad (2.36)$$

颜色特征 $\overline{CS}$ 下的显著图可以根据式（2.34）和（2.35）通过 $CD(SP(i),SP(j))$ 来获取。

3. 梯度特征对比度

梯度特征在复杂场景中对显著目标的估计起着至关重要的作用，它可以评估图像的局部灰度变化的大小。为了显著性计算更符合逻辑、更精确，我们在特征对比度中加入梯度差。

假设表示输入图像的灰度值，我们分别通过以下方法计算每个像素在水平方向和垂直方向的梯度值：

$$G_x(x,y) = g(x+1,y) - g(x-1,y) \quad (2.37)$$

$$G_y(x,y) = g(x,y+1) - g(x,y-1) \quad (2.38)$$

通过分别计算 $G_x(x,y)$ 和 $G_y(x,y)$ 中超像素 $SP(i)$ 和超像素 $SP(j)$ 的平均梯度值之间的欧几里得距离来获得梯度差异。

$$GD(SP(i),SP(j)) = \frac{\sqrt{d_{Gx}(SP(i),SP(j))^2 + d_{Gy}(SP(i),SP(j))^2}}{1 + d_{\text{position}}(SP(i),SP(j))} \quad (2.39)$$

在式（2.34）和（2.35）的基础上，可以得到梯度特征的显著图。

2.3.2　暗通道先验

在文献[49]中，HE 等提出利用暗通道先验去除输入图像中的雾。根据对室外图像的观察，一些像素或区域通常至少有一个非常低强度的颜色通道。也就是说，图像像素的暗通道主要由暗区或比较独特的区域产生，这些区域通常出现在显著目标中。因此，可以利用图像 I 的暗通道计算出超像素的显著性。首先，对于一个像素 $I(x,y)$，暗通道先验定义为：

$$I_{\mathrm{dark}}(x,y)=1-\min_{c\in\{R,G,B\}}\left\{\min_{x,y\in p(x,y)}\left[I^c(x,y)\right]\right\} \tag{2.40}$$

其中 I^c 为 I 的颜色通道；$p(x,y)$ 是以 $I(x,y)$ 为中心的局部块。然后计算每个超像素的暗通道先验：

$$I_{\mathrm{dark}}(SP(i))=\frac{1}{Num(SP(i))}\sum_{x,y\in SP(i)}I_{\mathrm{dark}}(x,y) \tag{2.41}$$

其中超像素 $SP(i)$ 的像素数标记为 $Num(SP(i))$。

通过暗通道计算，可以有效地识别低强度区域。从输入图像中挑出暗区、彩色表面或特定对象，这些因素也是显著物体的一部分，暗通道非常暗。暗通道属性是计算感兴趣区域较好的方式。

2.3.3　中心先验

人们通常在观察图像时关注靠近图像中心的物体，因此，应该给予图像中心附近的超像素的显著值更高的权重。通过这种方式，显著对象可以得到更好的预测。受此启发，我们将中心先验集成到本节提出的算法中，

超像素 $SP(i)$ 的中心和输入图像 I 的中心分别表示为 $SP_{center}(i)$ 和 I_{center}。每个超像素都要增加一个权重，以达到中心先验的目标。根据欧几里得距离计算权重，该距离介于 $SP_{center}(i)$ 和 I_{center} 之间。

$$SP_{weight}(i) = d_{center}\left(SP_{center}(i), I_{center}\right) \qquad (2.42)$$

2.3.4 显著图融合

显著图融合模型基于多尺度方法，从局部和全局角度计算每个超像素块的显著性。将超像素 $SP(i)$ 与其他所有超像素的局部差异分别进行比较，得到全局对比度。然后，对亮度、颜色和梯度特征图进行对比度显著性计算，并分别产生三个显著图 $\overline{LS}$，$\overline{CS}$ 和 $\overline{GS}$。3 个不同的显著图彼此之间相互加强。通过整合三个显著图生成最终的显著图。最后引入暗通道先验和中心先验方法以优化实验结果。计算超像素的显著性值：

$$SP_{saliency}(i) = SP_{weight}(i) \times I_{dark}(SP(i)) \times (\overline{LS}(i) + \overline{CS}(i) + \overline{GS}(i)) \qquad (2.43)$$

融合三个尺度的显著图获取最终显著图。通过诸多方法可以有效地消除所得显著图的噪声。实验旨在验证本节提出的模型的性能，实验内容将在以下部分进行描述。

2.3.5 实验结果

本节在 MSRA[50]、SED[51]、CSSD[47]、DUT-OMRON[34]4 个标准显著性数据集上，对模型的性能进行了评估。MSRA 数据集被广泛用于视觉显著目标检测，包括具有显著目标基准显著图的各种图像。SED 数据集包含 2 个子集，每个图像包含 1 个或 2 个显著目标。CSSD 数据集中有许多不同大小的显著目标。DUT-OMRON 数据集更具挑战性，拥有 5168 张图像和相应的基准显著图。我们将本节提出的算法与其他 8 种主流的算法进行了比较，包括上述 4 个数据集上的非参数（NP）[36]、图像签名（IS）[48]、上下文感知（CA）[37]、低秩（LR）[52]、块差异性（PD）[38]、显著性优化（SO）[39]、多尺度（MS）[53]和引导学习（BL）[40]模型。我们通过计算所有测试图像的平均结果来获得测试结果。

　　为了评估不同显著目标检测模型的性能，我们首先获取受试者工作特征（ROC）和曲线下面积（AUC）。ROC 曲线包含真阳性率（TPR）和假阳性率（FPR）。我们比较获得的二值掩膜和基准显著图，通过改变显著图上的阈值来计算 TPR 和 FPR。9 个显著模型（包括 8 个主流的显著目标检测模型和本节提出的模型）的 ROC 曲线如图 2.14 所示。

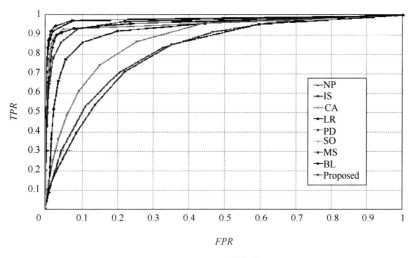

(a) MSRA 数据集

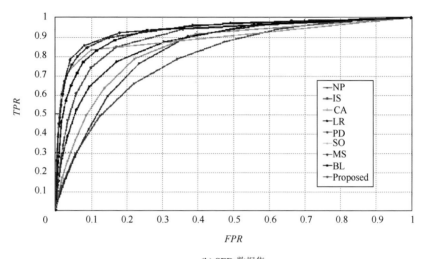

(b) SED 数据集

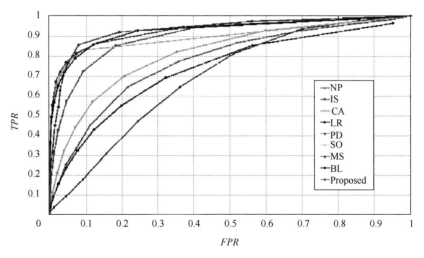

(c) CSSD 数据集

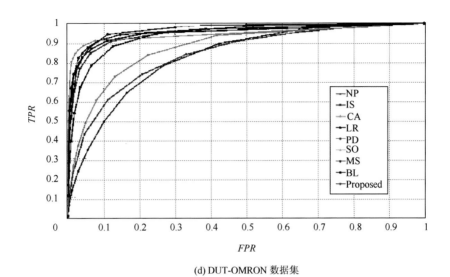

(d) DUT-OMRON 数据集

图 2.14　各种显著目标检测模型的 TPR 和 FPR 性能比较

在图 2.14 中，本节所提出的模型在 4 个不同的数据集上比现有的显著目标检测模型有更好的效果。AUC 值是 ROC 曲线下面积的百分比，它是用来度量分类模型质量的一个标准，表示显著图预测真实显著目标的性能好坏。4 个标准显著目标检测数据集上 9 个不同显著目标检测模型的 AUC 值如表 2.6 所示。显然，本节提出的模型具有最好的性能。

表 2.6　4 个数据集上不同显著目标检测模型的 AUC 性能比较　（单位：s）

数据集	NP	IS	CA	LR	PD	SO	MS	BL	Ours
MSRA	0.830	0.812	0.881	0.925	0.963	0.956	0.981	0.961	0.982
SED	0.791	0.831	0.840	0.870	0.896	0.894	0.917	0.935	0.940
CSSD	0.767	0.678	0.808	0.681	0.893	0.893	0.923	0.926	0.930
DUT-OMRON	0.840	0.829	0.876	0.942	0.946	0.948	0.953	0.960	0.967

通过使用自适应阈值，将平均精度、召回率、F_{measure} 的性能与其他模型进行比较。通过计算二值掩膜和基准显著图来获取平均精度和召回率。

F_{measure} 通过以下方式获得：

$$F_{\text{measure}} = \frac{(1+\beta^2)\, precision \times recall}{\beta^2\, precision \times recall} \qquad （2.44）$$

本节提出的方法用 $\beta^2 = 0.3$ 去衡量精度和召回率、图 2.15 为不同模型的精度、召回率、F_{measure} 性能比较。一般来说，该模型比其他显著目标检测模型具有更好的性能。

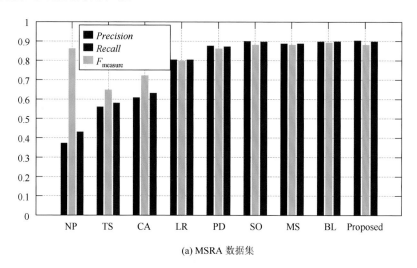

(a) MSRA 数据集

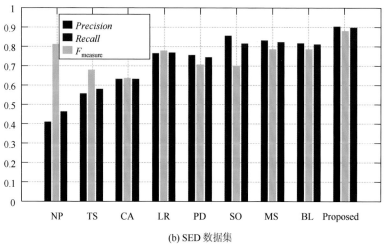

(b) SED 数据集

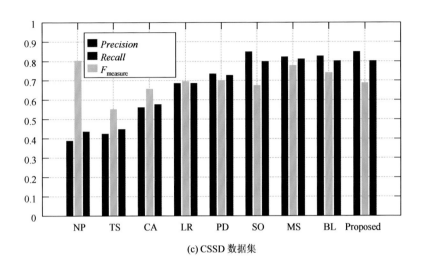

(c) CSSD 数据集

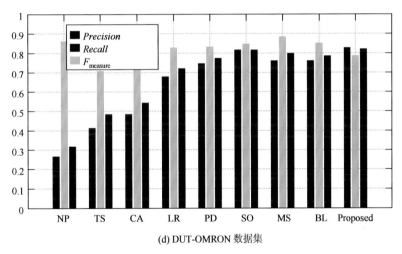

(d) DUT-OMRON 数据集

图 2.15　不同显著目标检测模型的精度、召回率和 F_{measure} 性能比较

为了更详细和直接的比较，我们通过平均绝对误差（MAE）来评估得到的显著图和基准显著图之间的区别。

$$MAE = \frac{1}{W \times H} \sum_{x=1}^{W} \sum_{y=1}^{H} \left| SP_{\text{saliency}}(x, y) - GT(x, y) \right| \qquad (2.45)$$

其中 W 和 H 为显著图 $\text{SP}_{saliency}$ 的权值和高度；GT 为输入图像的基准显著
图。这些显著目标检测模型在 4 个数据集上的 MAE 值如表 2.6 所示。
表 2.7 中较低的 MAE 值表明，我们的显著图与基准显著图之间的相似
性优于其他显著目标检测模型。

表 2.7　4 个数据集上各种显著目标检测模型的 MAE 性能比较　（单位：s）

数据集	NP	IS	CA	LR	PD	SO	MS	BL	Ours
MSRA	0.394	0.261	0.225	0.184	0.150	0.084	0.100	0.125	0.082
SED	0.397	0.303	0.264	0.263	0.234	0.163	0.186	0.195	0.156
CSSD	0.411	0.399	0.256	0.311	0.220	0.132	0.164	0.173	0.125
DUT-OMRON	0.399	0.280	0.213	0.195	0.150	0.116	0.123	0.154	0.112

表 2.8 给出了 8 个显著目标检测模型的平均运行时间，以及在 4 个数
据集上使用 MATLAB 实现本节所提出的模型。我们已经在 Intel Pentium
G2020，2.9GHz CPU，12GB RAM 的 PC 上实现了我们的算法。CA、LR、
PD 和 BL 模型比本节提出的模型更耗时。虽然其他模型（NP，IS，SO，
MS）比我们的模型速度快，但是在复杂的场景下，它们生成的显著图并
不准确。

表 2.8　4 个数据集上不同显著目标检测模型的运行时间性能比较（单位：s）

数据集	NP	IS	CA	LR	PD	SO	MS	BL	Ours
MSRA	2.083	0.362	49.033	45.096	13.890	0.144	6.940	41.856	8.064
SED	1.857	0.376	38.571	30.019	15.059	0.132	5.391	59.324	9.051
CSSD	3.410	0.540	67.918	39.009	12.340	0.291	5.965	52.010	9.325
DUT-OMRON	2.084	0.362	49.032	45.097	13.890	0.144	6.940	41.857	8.064

图 2.16 为不同模型显著图的定性比较。如图所示，本节提出的方

法在 4 个数据集上的显著图比其他模型更加清晰和准确。

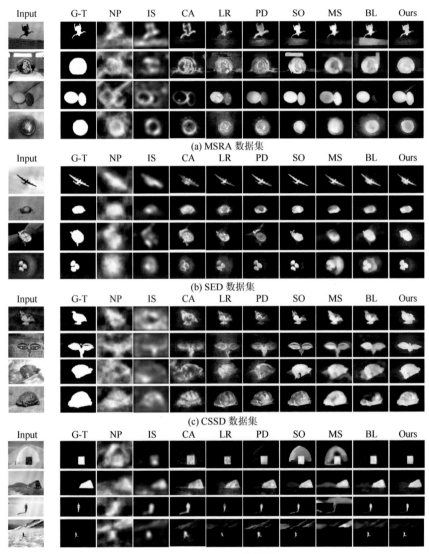

图 2.16　本节提出方法的显著图与 4 个数据集上的 8 个主流模型的比较

2.3.6 总结

在本节中，我们将局部对比度和全局对比度在多个尺度上进行融合，构建一个基于超像素的显著目标检测框架。利用暗通道先验和中心先验策略对显著性目标检测结果进行优化。通过与 8 个主流显著目标检测模型的比较，我们评估 4 个公共数据集上显著目标检测模型的性能。实验结果验证本节提出的显著目标检测模型具有优异的性能。

参 考 文 献

[1]   ITTI L，KOCH C，NIEBUR E. A model of saliency-based visual attention for rapid scene analysis//IEEE Transactions on. Pattern Analysis and Machine Intelligence，1998，20（11）：1254-1259.

[2]   HAREL J，KOCH C，PERONA P. Graph-based visual saliency. Advances in Neural Information Processing Systems，2006：545-552.

[3]   QIAN X，HAN J，CHENG G，et al. Optimal contrast based saliency detection. Pattern Recognition Letters. 2013，34（11）：1270-1278.

[4]   CHEN S，SHI W，ZHANG W. Visual saliency detection via multiple background estimation and spatial distribution. Optik-International Journal for Light and Electron Optics. 2014，25（1）：569-574.

[5]   XU L，ZENG L，WANG Z. Saliency-based superpixels. Signal，Image and Video Processing. 2014，8（1）：181-190.

[6]   WANG X，NING C，XU L. Saliency detection using mutual consistency-guided spatial cues combination. Infrared Physics & Technology. 2015，72：106-116.

[7]   YOU J，ZHANG L，QI J，et al. Salient object detection via point-to-set metric learning. Pattern Recognition Letters. 2016，84：85-90.

[8]   YANG K F, LI H, LI C Y, et al. A unified framework for salient structure detection by contour-guided visual search//IEEE Transactions on Image Processing.2016，25（8）：3475-3488.

[9]   YAN X, WANG Y, SONG Q, et al. Salient object detection by multi-level features learning determined sparse reconstruction//Proceedings of IEEE International Conference on Image Processing，2016：2762-2766.

[10]   HOU X，ZHANG L，Saliency detection：A spectral residual approach//Proceedings of IEEE Conference on Computer Vision and Pattern Recognition，2007：1-8.

[11]   ACHANTA R，HEMAMI S，ESTRADA F，et al. Frequency-tuned salient region detection //IEEE Conference. on Computer Vision and Pattern Recognition，2009：1597-1604.

[12]　GUO C，MA Q. ZHANG L. Spatio-temporal saliency detection using phase spectrum of quaternion Fourier transform//Proceedings of IEEE Conference on Computer Vision and Pattern Recognition，2008：1-8.

[13]　LI J，DUAN L Y.，CHEN X，et al. Finding the secret of image saliency in the frequency domain//IEEE Transactions on Pattern Analysis and Machine Intelligence，2015，37（12）：2428-2440.

[14]　CHEN Z，WANG　X，SUN Z，et al. Motion saliency detection using a temporal Fourier transform. Optics & Laser Technology，2016，80：1-15.

[15]　HE C，CHEN Z，LIU C. Salient object detection via images frequency domain analyzing. Signal，Image and Video Processing，2016，10（7）：1295-1302.

[16]　LIU K，TIAN J，SU X P，et al. Hierarchical saliency detection under foggy weather fusing spectral residual and phase spectrum//Proceedings of Chinese Conference on Pattern Recognition，2016：191-201.

[17]　ARYA R，SINGH N，AGRAWAL R K. A novel hybrid approach for salient object detection using local and global saliency in frequency domain. Multimedia Tools and Applications，2016，75（14）：8267-8287.

[18]　ZHANG Y，MAO Z，LI J，et al. Salient region detection for complex background images using integrated features. Information Sciences，2014，281：586-600.

[19]　SUN X，ZHU Z，LIU X，et al. Frequency-spatial domain based salient region detection. Optik-International Journal for Light and Electron Optics，2015，126（9）：942-949.

[20]　CHEN D，JIA T，WU C. Visual saliency detection：From space to frequency. Signal Processing：Image Communication，2016，44：57-68.

[21]　LIU S，HU J. Visual saliency based on frequency domain analysis and spatial information. Multimedia Tools and Applications，2016，75（23）：16699-16711.

[22]　ZHANG L，LI A. ZHANG Z，et al. Global and local saliency analysis for the extraction of residential areas in high-spatial-resolution remote sensing image//IEEE Transactions on Geoscience and Remote Sensing，2016，54（7）3750-3763.

[23]　WAN M，REN K，GU G，et al. Infrared small moving target detection via saliency histogram and geometrical invariability. Applied Sciences，2017，7（6）：569.

[24]　XU X，MU N，ZHANG H. Inferring visual perceptual object by adaptive fusion of image salient features. Mathematical Problems in Engineering，2015：1-9.

[25]　LIU C H，QI Y，DING W R. Infrared and visible image fusion method based on saliency detection in sparse domain. Infrared Physics & Technology，2017，83：94-102.

[26]　HAN J，PAUWELS E J，ZEEUW P. Fast saliency-aware multi-modality image fusion. Neurocomputing，2013，111：70-80.

[27]　WEI X，TAO Z，ZHANG C，et al. Structured saliency fusion based on Dempster-Shafer Theory. IEEE Signal Processing Letters，2015，22（9）：1345-1349.

[28]　MENG F，GUO B，SONG M，et al. Image fusion with saliency map and interest points.

Neurocomputing，2016，177：1-8.

[29] IQBAL M，NAQVI S S，BROWNE W N，et al. Learning feature fusion strategies for various image types to detect salient objects. Pattern Recognition，2016，60：106-120.

[30] WANG A，WANG M，LI X，et al. A two-stage Bayesian integration framework for salient object detection on light field. Neural Processing Letters，2017：1-12.

[31] LI L，YANG J，GONG C, et al. Saliency fusion via sparse and double low rank decomposition. Pattern Recognition Letters，2017：1-9.

[32] ACHANTA R，SHAJI A，SMITH K，et al. SLIC superpixels compared to state-of-the-art superpixel methods//IEEE Transactions on Pattern Analysis and Machine Intelligence，2012, 34 (11)：2274-2282.

[33] CHENG M M，MITRA N J，HUANG X，et al. Global contrast based salient region detection//IEEE Transactions on Pattern Analysis and Machine Intelligence，2015，37（3）：569-582.

[34] YANG C，ZHANG L，LU H，et al. Saliency detection via graph-based manifold ranking//IEEE Conference. on Computer Vision and Pattern Recognition，2013：3166-3137.

[35] LI Y，HOU X，KOCH C，et al. The secrets of salient object segmentation//Proceedings of IEEE Conference on Computer Vision and Pattern Recognition，2014：280-287.

[36] MURRAY N，VANRELL M，OTAZU X，et al. Saliency estimation using a non-parametric low-level vision model//Proceedings of IEEE Conference on Computer Vision and Pattern Recognition，2011：433-440.

[37] GOFERMAN S，ZELNIKM L，TAL A. Context-aware saliency detection//IEEE Transactions. on Pattern Analysis and Machine Intelligence，2012，34（10）：1915-1926.

[38] MARGOLIN R，TAL A，ZELNIK M L. What makes a patch distinct//Proceedings of IEEE Conference on Computer Vision and Pattern Recognition，2013：1139-1146.

[39] ZHU W，LIANG S，WEI Y，et al. Saliency optimization from robust background detection//IEEE Conference. on Computer Vision and Pattern Recognition，2014：2814-2821.

[40] TONG N，LU H，YANG M. Salient object detection via bootstrap learning//Proceedings of IEEE Conference on Computer Vision and Pattern Recognition，2015：1884-1892.

[41] ZHANG J，WANG M，ZHANG S，et al. Spatiochromatic context modeling for color saliency analysis//IEEE Transactions on Neural Networks and Learning Systems，2016，27（6）：1177-1189.

[42] PENG H，LI B，LING H，et al. Salient object detection via structured matrix decomposition//IEEE Transactions on Pattern Analysis and Machine Intelligence，2017，39（4）：818-832.

[43] HUANG F，QI J，LU H，et al. Salient object detection via multiple instance learning//IEEE Transactions on Image Processing，2017，26（4）：1911-1922.

[44] LIU Z，MEUR L，LUO S. Superpixel-based saliency detection. International Workshop on Image Analysis for Multimedia Interactive Services，2013：1-4.

[45] LIU T，SUN J，ZHENG N N，et al. Learning to detect a salient object//IEEE Conference. on Computer Vision and Pattern Recognition，2017：1-8.

[46] ALPERT S，GALUN M，BASRI R，et al. Image segmentation by probabilistic bottom-up aggregation

and cue integration//IEEE Conference. on Computer Vision and Pattern Recognition，2017：1-8.

[47]　YAN Q，XU L，SHI J，et al. Hierarchical Saliency Detection//IEEE Conference. on Computer Vision and Pattern Recognition，2013：1155-1162.

[48]　HOU X，HAREL J，KOCH C. Image signature: Highlighting sparse salient regions//IEEE Transactions. on Pattern Analysis and Machine Intelligence，2012，34（1）：194-201.

[49]　HE K，SUN J，TANG X. Single image haze removal using dark channel prior//IEEE Transactions on Pattern Analysis and Machine Intelligence，2011，33（12）：2341-2353.

[50]　LIU T，YUAN Z，SUN J，et al. Learning to detect a salient object//IEEE Transactions on Pattern Analysis and Machine Intelligence，2011，33（2）：353-367.

[51]　ALPERT S，GALUN M，BRANDT A，et al. Image segmentation by probabilistic bottom-up aggregation and cue integration//IEEE Transactions on Pattern Analysis and Machine Intelligence，2012，34（2）：315-327.

[52]　SHEN X，WU Y. A unified approach to salient object detection via low rank matrix recovery//IEEE Conference on Computer Vision and Pattern Recognition.Piscataway，2012：853-860.

[53]　TONG N，LU H，ZHANG L，et al. Saliency Detection with multi-scale superpixels//IEEE Signal Processing Letters，2014，21（9）：1035-1039.

第3章 基于特征级非线性融合的夜间图像显著目标检测

基于像素级的非线性融合显著性策略能在一定程度上获得令人满意的结果，但是这些方法的性能主要取决于多特征的显著图，因此如何学习最优特征是生成更准确的显著性结果的重要一步。本章旨在以非线性的方式融合特征。

本章提出两种实现特征级非线性融合的方法。第一种方法利用局部和全局协方差特征来检测低对比度图像中的显著目标。我们采用超像素分割来简化计算，并利用图扩散对结果进行优化。第二种方法我们提出一种基于特征提取的显著目标检测模型，该模型在不同对比度环境下学习最优特征，提高了显著目标检测的有效性。经试验证明，这两种方法在提高特征级视觉显著性计算的性能方面是有效的。

3.1 基于局部-全局超像素协方差的显著目标检测模型

本节提出一种低对比度图像显著目标检测的有效模型。首先，将待输入图像分割成超像素来获取相似区域的内部结构信息。然后，我们构造简单视觉特征的协方差矩阵，包括亮度、方向、锐度和频谱。因为不同类型特征是非线性融合，所以我们提出的模型是鲁棒的并且适合于低对比度图像。接下来，计算其协方差描述符与邻接超像素块之间距离的均值，生成超像素块的局部显著性和全局显著性。该算法将局部方法和全局方法相结合，有效地突出了背景和前景没有明显差异的显著目标。最后，我们利用扩散过程来优化每个超像素块的显著值。基于图的流形排序可以提高显著超像素块的显著性。

本节提出的模型采用显著性的局部定义和全局定义，其中区域的显著性是根据其与周围环境的差异来计算的。本节提出的显著目标检测模型的框架如图 3.1 所示。

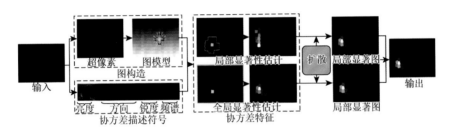

图 3.1　本节提出的显著目标检测模型框架

3.1.1　局部和全局超像素协方差估计

该方法利用简单线性迭代聚类（SLIC）算法[1]生成超像素。首先将输入图像划分为超像素 $SP(i)$，其中 $i=1,\cdots,N$，N 是总的超像素个数，$N=200$ 足以保证良好的边界召回率。

将图像分割成超像素后，构造 N 个节点的图 $G=(V,E)$ 来表示输入图像，其中 V 是节点集，每个节点对应一个超像素；E 是边集，并由关联矩阵 $A_m=[w_{ij}]N\times N$ 加权，其中 $w_{ij}=e^{-\|v_i-v\|/\sigma^2}$ 表示节点 v_i 和 σ 之间的权重，常量 σ 是控制字符[2]。给出图 G 和显著性种子 $s=[s_1,s_2,\cdots,s_N]^T$，基于最优关联矩阵的扩散过程将种子 s 通过图 G 进行扩散。显著性扩散 $S^*=[S_1^*,S_2^*,\cdots,S_N^*]^T$ 表示每个节点的显著性值，由 $S^*=D_m\cdot S$ 计算。其中 D_m

表示扩散矩阵，相当于公式（3.2）中的 $(I_m - \beta \cdot L_m)^{-1}$。

3.1.2 基于图的流形排序

流形排序的目的是为图中的每个节点计算一个秩。利用图 G 中的流形排序，可以更准确地描述超像素点之间的相似性。给出图 G，每个节点的秩次值 S_i 由排名函数[3]分配给查询向量 s。最优排序通过以下公式计算：

$$S^* = \arg\min_{s} \frac{1}{2} \left[\sum_{i,j=1}^{N} w_{ij} \left(\frac{S_i}{\sqrt{d_{ii}}} - \frac{S_j}{\sqrt{d_{jj}}} + \mu \sum_{i=1}^{N} (S_i - s_i)^2 \right)^2 \right] \quad (3.1)$$

其中 μ 用来平衡平滑度和拟合约束；$d_{ii} = \sum_j wij$ 是度矩阵 $D = diag\{d_{11}, \cdots, d_{NN}\}$ 中的元素。排序函数定义如下：

$$S^* = (I_m - \beta \cdot L_m)^{-1} s, \quad (3.2)$$

其中 I_m 是图 G 的单位矩阵；参数 $\beta = 1/(1+\mu)$ 控制流形排序中一元和成对电位的平衡；$L_m = D^{-1/2} \cdot A_m \cdot D^{-1/2}$ 为归一化拉普拉斯矩阵。

3.1.3 基于特征的区域协方差

该模型利用图像超像素的协方差矩阵作为显著性估计的元特征。我们采用非线性方法将多维图像特征集成到协方差矩阵中，有效地对输入图像进行聚类，使得超像素块包含大量的特征信息。这样，可以极大降低噪声的干扰，并且可以显著增强对图像失真和亮度变化的适应性。我们提取了几个简单的视觉特征，即亮度、方向、清晰度和频谱。基于这些功能，输

入图像将转换为 5 维特征向量:

$$F(x,y) = \left[L(x,y) \left| \frac{\partial I(x,y)}{\partial x} \right| \left| \frac{\partial I(x,y)}{\partial y} \right| Shar(x,y) Spec(x,y) \right]^{\mathrm{T}} \quad (3.3)$$

其中 L 表示 Lab 颜色空间中的亮度分量; $|\partial I / \partial x|$ 和 $|\partial I / \partial y|$ 表示强度图像一阶导数的范数; 锐度特征 $Shar(x,y)$ 是通过灰度图像与高斯函数在垂直方向和水平方向上的一阶导数的卷积得到的[4]。频谱特征 $Spec(x,y)$ 可以通过对数谱和振幅之间的差异来测量[5]。

对于 F 中每一个超像素区域 $SP(i)$, 可以由一个 5×5 的协方差矩阵[6]表示:

$$C_i = \frac{1}{n-1} \sum_{k=1}^{n} (f_k(x,y) - \mu^*)(f_k(x,y) - \mu^*)^{\mathrm{T}} \quad (3.4)$$

其中 $\{f_k(x,y)\}, k = 1, \cdots, n$ 表示 $SP(i)$ 中的 5 维特征点; n 是总数; μ^* 是这些点的均值。协方差矩阵可以自然地融合可能相关的多个特征。两个协方差矩阵之间的差异用下式来度量:

$$\rho(C_i, C_j) = \sqrt{\sum_{k=1}^{n} \ln^2 \lambda k(C_i, C_j)} \quad (3.5)$$

其中 $\{\lambda_k(C_i, C_j)\}, k = 1, \cdots, n$ 表示 C_i 和 C_j 的广义特征值, 可由以下公式求得:

$$\lambda_k C_i x_k - C_j x_k = 0 \quad (3.6)$$

其中 x_k 表示 C_i 和 C_j 的广义特征向量。

3.1.4　基于协方差的显著性估计

给定一张输入图像, 我们将模型抽象为超像素, 并构造一个图。对于每一个 $SP(i)$, $i = 1, \cdots, N$, 超像素区域 R_i 的显著性定义为 R_i 与其周围区域(表示为 R_j, $j = 1, \cdots, \eta_i$)的协方差差异的加权平均。

对于局部显著性估计，根据其关联矩阵找到 R_i 的周围区域。R_i 的局部显著性定义为

$$s(\boldsymbol{R}_i) = \frac{1}{\eta_i} \sum_{j=1}^{\eta_i} d(\boldsymbol{R}_i, \boldsymbol{R}_j) \qquad (3.7)$$

其中 η_i 是相邻超像素区域 $\boldsymbol{R}_i$ 的个数，$d(\boldsymbol{R}_i, \boldsymbol{R}_j)$ 表示 $\boldsymbol{R}_i$ 和 $\boldsymbol{R}_j$ 的差异。

$$d(\boldsymbol{R}_i, \boldsymbol{R}_j) = \frac{\rho(\boldsymbol{C}_i, \boldsymbol{C}_j)}{1 + \left| c^*(i) - c^*(j) \right|} \qquad (3.8)$$

其中 $\boldsymbol{C}_i$ 和 $\boldsymbol{C}_j$ 表示 $\boldsymbol{R}_i$ 和 $\boldsymbol{R}_j$ 的协方差矩阵；$c^*(i)$ 和 $c^*(j)$ 表示 $\boldsymbol{R}_i$ 和 $\boldsymbol{R}_j$ 的中心。对于全局显著性估计，我们选择整个图像区域 $\boldsymbol{R}_I$ 作为 $\boldsymbol{R}_i$ 的周围区域。

3.1.5 基于扩散的显著性优化

在计算所有超像素区域的显著性后，我们得到一个包含每个图节点显著性值的种子向量 $\boldsymbol{S}$。然后我们使用扩散过程来优化超像素之间的显著性值。最后，利用本节提出的局部和全局方法，有效地得到了两个不同的显著图（分别记为 $\boldsymbol{S}_{\mathrm{loc}}^*$ 和 $\boldsymbol{S}_{\mathrm{glo}}^*$），并通过加权几何平均对两个显著图进行积分：

$$\boldsymbol{S}^* = \boldsymbol{S}_{\mathrm{loc}}^{*\,\varepsilon} \times \boldsymbol{S}_{\mathrm{glo}}^{*\,1-\varepsilon} \qquad (3.9)$$

其中 $0 \leqslant \varepsilon \leqslant 1$，当 $\varepsilon = 0.5$ 时具有较好的性能，保证相对较高的相关系数和较低的均方根误差。生成的显著图经过验证，在上述 6 个数据集中具有较好的性能。

3.1.6 实验

1. 数据集

本节进行的实验是为了评估本节提出的方法在以下 6 个数据集上的性能：

（1）MSRA 数据集[8]，其中主要显著对象由不同的人类主体标记；

（2）SOD 数据集[9]，其中包含多个具有低对比度的显著目标，每个图像由三个人类主体分割；

（3）CSSD 数据集[10]，包括更具挑战性的复杂场景；

（4）DUT-OMRON 数据集[2]，提供具有挑战性的图像和像素化的基准显著图；

（5）PASCAL-S 数据集[11]，其中包含具有杂乱背景的自然图像；

（6）由本研究创建的夜间图像（NI）数据集，其中包含大量的夜间图像，这些图像的分辨率为 640×480。我们选择 200 张典型的低对比度图像进行测试。为了评估性能，我们还为主要显著目标提供了人为分割的基准显著图。

2．评价指标

为了客观比较，我们通过计算真阳性率（TPR）和假阳性率（FPR）来评估各种模型的准确性。TPR 值对应正确检测的显著像素与基准显著图中显著目标的像素的比率，FPR 值被定义为在基准显著图中非显著区域的像素中错误地检测到的显著像素的百分比。各种显著目标检测模型的 TPR 和 FPR 结果的性能比较如图 3.2 所示，它们分别在上述 6 个数据集上进行了测试。

3．与主流方法的比较

将本节提出方法的性能与其他 11 种主流的模型进行比较，包括非参数（NP）模型[12]、图像签名（IS）模型[13]、低秩矩阵恢复（LR）模型[14]、上下文感知（CA）模型[15]、块差异性（PD）模型[4]、基于图的流形排序（GBMR）模型[2]、显著性优化（SO）模型[16]、引导学习（BL）模型[17]、细胞自动机（BSCA）模型[18]、全局和局部线索（GL）模型[6]以及通用推广（GP）模型[19]。

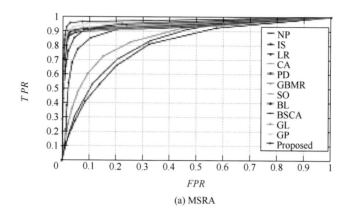

(a) MSRA

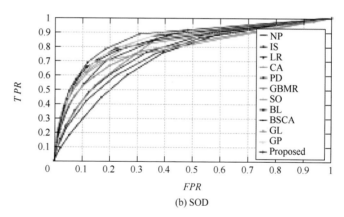

(b) SOD

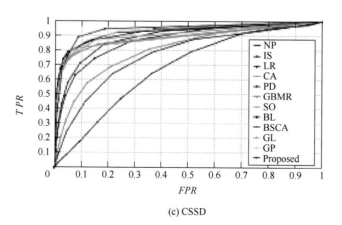

(c) CSSD

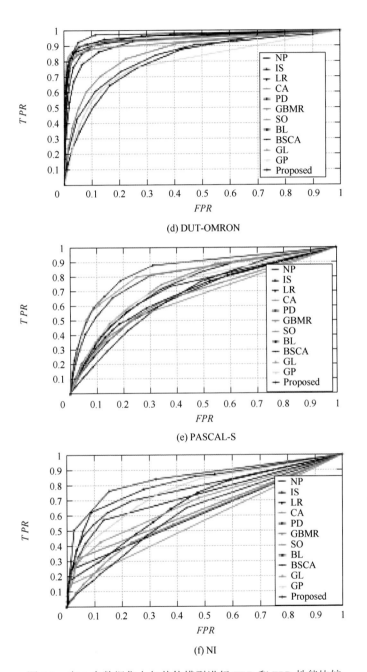

(d) DUT-OMRON

(e) PASCAL-S

(f) NI

图 3.2　在 6 个数据集上与其他模型进行 TPR 和 FPR 性能比较

从图 3.2 可以看出,该模型在 6 个数据集上的性能优于其他 11 个目前主流的显著目标检测模型。但在对比度相对较低的夜间图像中,整体性能会下降。计算曲线下面积(AUC)可以直观地显示生成的显著图对人类感兴趣区域的预测效果。表 3.1 显示了各种显著目标检测模型的 AUC 值,不同显著目标检测模型的最佳结果分别以红色斜体和蓝色粗体显示。从表 3.1 可以看出,该模型在 6 个数据集上具有较好的性能。

表 3.1　6 种数据集上不同显著目标检测模型的 AUC 性能比较　　（单位：s）

数据集	NP	IS	LR	CA	PD	GBMR	SO	BL	BSCA	GL	GP	Ours
MSRA	0.8267	0.7990	0.9107	0.8535	0.9525	0.9368	0.9465	0.9503	0.9423	0.9551	0.9667	*0.9772*
SOD	0.7473	0.7256	0.7710	0.7853	0.8063	0.7796	0.7878	0.8371	0.8367	0.8119	0.8387	*0.8548*
CSSD	0.7674	0.6750	0.8688	0.8029	0.8873	0.8898	0.8882	0.9262	0.9258	0.9043	0.9279	*0.9409*
DUT-OMRON	0.8325	0.8162	0.9291	0.8633	0.9511	0.9283	0.9483	0.9606	0.9486	0.9481	0.7921	*0.9742*
PASCAL-S	0.7441	0.6772	0.6756	0.7563	0.8060	0.6719	0.6510	0.6889	0.7175	0.8203	0.7359	*0.8505*
NI	0.7734	0.7330	0.8146	0.6408	0.6156	0.6028	0.5679	0.6844	0.6199	0.6884	0.7676	*0.8468*

此外,性能评估还采用了精度、查全率和 $F_{measure}$ 准则,通过比较得到的二元显著图与基准显著图之间的差异来计算。这些模型的性能比较如图 3.3 所示,结果显示:该模型的 $F_{measure}$ 值相对于其他 11 个模型较高,表明该模型对显著目标检测的性能较好。

该算法在 12GB 内存的 G2020 CPU PC 上使用 MATLAB 实现。表 3.2 给出了该模型和其他 11 个模型的执行时间。从表 3.2 可以看出,我们的显著目标检测模型是相对有效的。

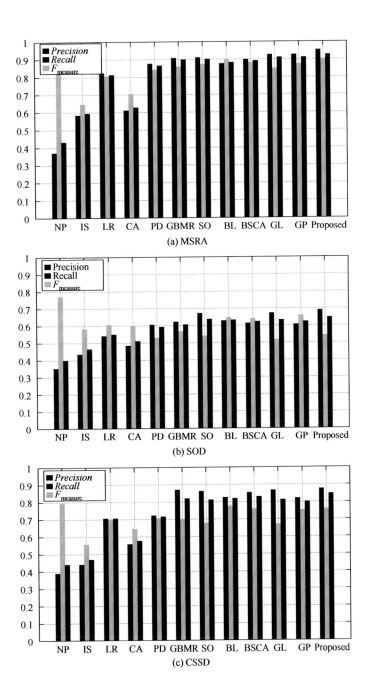

(a) MSRA

(b) SOD

(c) CSSD

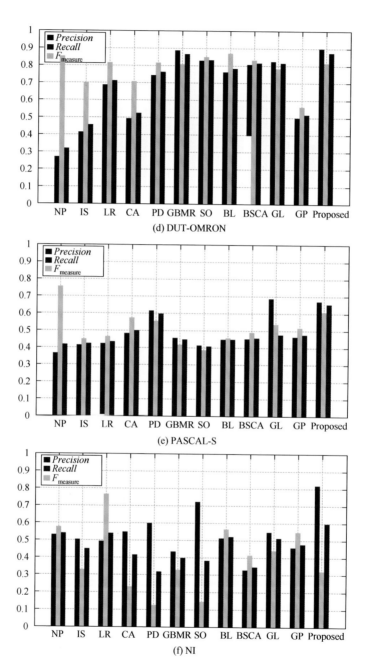

图 3.3　6 种数据集上不同显著目标检测模型的精度、查全率和 F_{measure} 性能比较

表 3.2　6 种数据集上各种显著目标检测模型的运行时间　（单位：s）

数据集	NP	IS	LR	CA	PD	GBMR	SO	BL	BSCA	GL	GP	Ours
MSRA	2.055	0.442	45.339	47.506	15.885	1.116	0.127	42.340	1.622	7.855	1.710	3.083
SOD	11.322	2.097	41.670	52.003	11.370	5.097	0.226	64.507	1.755	9.503	2.323	3.022
CSSD	3.605	0.302	39.556	66.320	12.037	1.704	0.256	52.334	1.305	9.066	1.295	3.104
DUT-OMRON	6.013	1.226	23.305	55.070	32.115	1.622	0.165	66.310	1.413	11.552	2.107	2.998
PASCAL-S	13.065	1.126	51.009	71.215	29.547	1.070	0.211	66.335	1.510	12.037	3.406	3.067
NI	18.316	4.954	216.16	135.16	41.066	2.775	0.204	156.30	2.965	25.302	7.555	5.609

对 6 个数据集的主观性能比较如图 3.4 所示。从上到下，第 1～5 行分别是来自 MSRA，SOD，CSSD，DUT-OMRON 和 PASCAL-S 数据集的图像，第 6～7 行是来自我们的夜间图像数据集（NI）的图像。从图 3.4 可以看出，该模型得到的显著图有较好的检测结果。

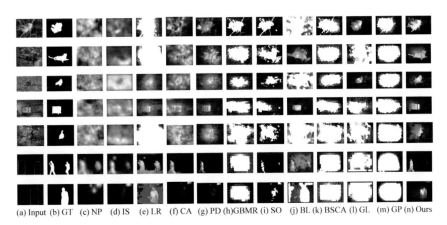

(a) Input (b) GT　(c) NP　(d) IS　(e) LR　(f) CA　(g) PD (h)GBMR (i) SO　(j) BL (k) BSCA (l) GL　(m) GP (n) Ours

图 3.4　本节所提出的模型与其他 11 个显著模型在 6 个数据集上的主观性能对比

3.1.7　总结

在本节中，我们利用局部和全局协方差特征来检测低对比度图像中的显著目标。我们采用超像素分割来简化计算，并使用图形扩散来优化结果。我们将结果在 MSRA，SOD，CSSD，DUT-OMRON，PASCAL-S 公共数据集和用于显著目标检测的夜间图像数据集 NI 上进行了实验。结果表明：针对 11 种主流的显著目标检测模型，我们提出的方法在可见光图像上取得了较好测试结果的同时，在低对比度图像显著目标检测中实现最佳性能。

3.2　低对比度图像中显著目标检测的层次特征融合方法

本节分析对比度变化对各种显著性特征的影响，学习在低对比度图像中能够更好地检测显著目标的最优特征。该模型能够保留每个特征的重要信息，达到最佳的检测效果。此外，利用多尺度、中心优先级和滤波方法对最终显著图进行优化。实验结果表明，该方法融合了最优的低层特征，相比其他主流的显著目标检测算法具有更好的性能。图 3.5 显示了本节提出的模型的框架。

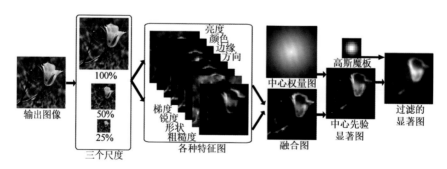

图 3.5　本节提出的显著目标检测模型框架

3.2.1　视觉特征提取

通过模拟人类视觉系统（human visual system，HVS）的过程可以发现，捕捉人类视觉注意力的刺激是基于低层特征的。因此，为了全面准确地描述一个图像，本节提取了 8 个关键特征：亮度、颜色、边缘、方向、梯度、锐度、形状和粗糙度。在本节中，我们介绍提取这些特征的具体方法，并分析每个特征对显著目标检测的贡献。

本节采用基于块的方法提取输入图像（记为 I）的全局显著性特征，该特征被划分为具有 50% 重叠的 8×8 块（记为 b）。设 $F_n(b)$，（$n = 1, \cdots, 8$）表示块 b 的显著值，$F_n(I)$ 表示每个特征的显著图。

1. 亮度特征提取

亮度是人类视觉系统对可见物体辐射或发光量的感知属性，亮度特征衡量的是每个块的平均亮度与整个图像的不同程度，它会影响其他低层特征的性能。设 $F_1(b)$ 为图像块 b 与图像 I 之间平均亮度值的欧氏距离，距离越大，亮度差越大。亮度特征通过以下公式计算：

$$F_1(b) = \left| \overline{L}(b) - \overline{L}(I) \right| \tag{3.10}$$

其中 $\overline{L}$ 表示 LAB 色彩空间中的平均亮度分量 L。

2. 颜色特征提取

显著目标是与周围环境形成强烈对比的图像区域，它在色彩空间中反映的是这个图像区域的颜色值相对于整个图像的平均颜色值来说的差异。因此，可以通过计算每个图像块与背景区域之间的平均颜色值的欧氏距离来提取颜色显著区域。图像块 b 的颜色特征 $F_2(b)$ 可以通过计算得到：

$$F_2(b) = \sqrt{\left(\overline{A}(b) - \overline{A}(I) \right)^2 + \left(\overline{B}(b) - \overline{B}(I) \right)^2} \tag{3.11}$$

其中 $\overline{A}$ 和 $\overline{B}$ 分别表示 LAB 颜色空间 A 和 B 的平均颜色分量。

颜色特征可以简单地描述图像中颜色的全局分布。

3. 边缘特征提取

边缘是指灰度强度有较强对比度变化的像素集合。因此，我们使用边缘特征来捕获具有显著亮度变化的图像区域。设 $E(b)$ 为 Roberts 边缘检测得到的二值图。通过计算 $E(b)$ 的平均值得到边缘特征 $F_3(b)$：

$$F_3(b) = \mu(E(b)) \tag{3.12}$$

图像的边缘特征通常与图像灰度的不连续性有关。

4. 方向特征提取

该方法基于 Itti 模型的特征提取方法，通过对图像 I 的灰度图像运用 Gabor 滤波器计算方向特征。二维 Gabor 函数 $G(x, y)$ 如下[20]：

$$G_{\lambda,\theta,\varphi,\sigma,\gamma}(x, y) = \exp\left(-\frac{x'^2 + \gamma^2 y'^2}{2\sigma^2}\right)\cos\left(2\pi\frac{x'}{\lambda} + \varphi\right) \tag{3.13}$$

其中 $x' = x\cos\theta + y\sin\theta$，$y' = -x\sin\theta + y\cos\theta$，$\gamma = 0.5$ 为空间长宽比；$\sigma = 0.56\lambda$ 为高斯因子标准差；参数 λ，φ 和 θ 分别表示波长、相位偏移和角度。

基于二维 Gabor 算子计算方位图像（表示为 $O_\theta(I)$，$\theta \in \{0°, 45°, 90°, 135°\}$）的图像处理可表示为

$$O_\theta(I) = I(x, y)G_\theta(x, y), \tag{3.14}$$

$F_4(b)$ 表示图像块 b 的方向特征，通过计算方向图像块 $O_\theta(b)$ 和方向图像 $O_\theta(I)$ 的欧氏距离得到：

$$F_4(b) = \sum_{\theta \in \{0°, 45°, 90°, 135°\}} \left|\overline{O}_\theta(b) - \overline{O}_\theta(I)\right| \tag{3.15}$$

其中 $\overline{O}(b)$ 和 $\overline{O}(I)$ 分别表示 $O(b)$ 和 $O(I)$ 的平均方向值。

定位特征具有全局性，即使在低对比度的场景中，也使得显著性信息具有很好的可行性和稳定性。

5. 梯度特征提取

梯度特征对梯度变化敏感，但它对图像的灰度不敏感。设 $g(x,y)$ 为图像 I 中像素 (x,y) 处的灰度，其大小为 $M \times N$。通过对横坐标平方梯度（记为 $g_x(b)$）和纵坐标平方梯度（记为 $g_y(b)$）进行平均，得到图像块 b 的梯度特征（记为 $F_5(b)$）：

$$g_x(b) = \sum_{x=0}^{M-2}\sum_{y=0}^{N-1}(g(x+1,y)-g(x,y))^2 \tag{3.16}$$

$$g_y(b) = \sum_{x=0}^{M-1}\sum_{y=0}^{N-2}(g(x,y+1)-g(x,y))^2 \tag{3.17}$$

$$F_5(b) = \mu\left(\frac{g_x(b)+g_y(b)}{2}\right) \tag{3.18}$$

梯度值可以描述像素值剧烈变化的幅度，因此由像素梯度值构成的梯度图可以反映图像的局部灰度变化。

6. 锐度特征提取

锐度特征是度量每个区域的锐度与其周围区域的锐度差异，可以表示相邻区域的对比度。可以通过计算输入图像 I 和高斯函数的一阶导数之间的卷积，提取在位置 p 的锐度值 $\phi(p)$：

$$\phi(p) = \sum_x\sum_y\left[g(x,y)G_x^\sigma(x,y)\right]^2 + \left[g(x,y)G_x^\sigma(x,y)\right]^2 \tag{3.19}$$

其中 $g(x,y)$ 为图像区域中像素 (x,y) 处的灰度；$G_x^\sigma(x,y)$ 和 $G_y^\sigma(x,y)$ 分别表示高斯函数在垂直方向和水平方向上的一阶导数；σ 是高斯滤波器的尺度。

用 $\overline{\phi}(b)$ 和 $\overline{\phi}(I)$ 分别表示图像块 b 和输入图像 I 的平均锐度值，则锐度特征 $F_6(b)$ 可以表示为 $\overline{\phi}(b)$ 和 $\overline{\phi}(I)$ 之间的欧氏距离：

$$F_6(b) = \left| \overline{\phi}(b) - \overline{\phi}(I) \right| \tag{3.20}$$

锐度特征可以代表图像的清晰度和边缘的锐度，它不太容易受到局部变化的影响。

7. 形状特征提取

提取形状特征的主要方法是利用 Hu 的不变矩[21]，它具有旋转、平移、缩放等不变量特性。该方法通过对中心矩进行 2 阶和 3 阶正则化得到了由 Hu[21]方法计算得到的 7 阶矩（记为 $M_i, i = 1, \cdots, 7$）。

用 $M_i(b)$ 和 $M_i(I)$，$i = 1, \cdots, 7$ 分别表示图像块 b 和输入图像 I 的 7 阶矩。则 b 的形状特征（记为 $F_7(b)$）可以表示为 $M_i(b)$ 与 $M_i(I)$ 之间的欧氏距离：

$$F_7(b) = \sum_{i=(1,2,\cdots,7)} \left| M_i(b) - M_i(I) \right| \tag{3.21}$$

形状特征对亮度和对比度变化不敏感。

8. 粗糙度特征提取

Tamura 等[22]认为粗糙度是最基本的感知纹理特征。粗糙度是测量纹理图案的粒度，粒度越大表示纹理图像越粗糙，并且在某种意义上，粗糙意味着纹理。粗糙度计算方法如下所示：

首先，计算图像 I 的 $2^k \times 2^k$ 大小邻域的平均灰度值（表示为 $A_k(x,y)$, $i = 1,2,\cdots,5$ ）。

$$A_k(x,y) = \sum_{i=x-2^{k-1}}^{x+2^{k-1}-1} \sum_{j=y-2^{k-1}}^{y-2^{k-1}-1} g(x,y) / 2^{2k} \qquad (3.22)$$

其中 $g(x,y)$ 为活动窗口像素 (x,y) 处的灰度值。

然后，对于每个像素，分别计算图像 I 水平方向和垂直方向上非重叠邻域之间的平均强度差（记为 $E_{k,h}(x,y)$ 和 $E_{k,v}(x,y)$ ）。

$$E_{k,h}(x,y) = \left| A_k(x+2^{k-1},y) - A_k(x-2^{k-1},y) \right| \qquad (3.23)$$

$$E_{k,v}(x,y) = \left| A_k(x,y+2^{k-1}) - A_k(x,y-2^{k-1}) \right| \qquad (3.24)$$

最后，用 k 设置最佳尺寸，得到 E 的最高输出值。粗糙度（记为 C）为 $S_{\text{best}}(x,y) = 2^k$ 的平均值。

$$C = \frac{1}{m \times n} \sum_{x=1}^{m} \sum_{y=1}^{n} S_{\text{best}}(x,y) \qquad (3.25)$$

用 $C(b)$ 和 $C(I)$ 分别表示图像块 b 和图像 I 的粗糙度。则 b 的粗糙度特征（表示为 $F_8(I)$）可以表示为 $C(b)$ 与 $C(I)$ 之间的欧氏距离：

$$F_8(b) = \left| C(b) - C(I) \right| \qquad (3.26)$$

粗糙度特征代表整个图像的表面性质，可以很好地描述显著目标的完整性。同时，粗糙度特征具有良好的旋转不变性，它能够有效抵抗噪声的干扰。

3.2.2　自适应多特征融合

我们根据每个特征图的离散程度和清晰度，对不同的特征赋予不同的权重，合并到最终的显著图中，从而使不同特征信息之间有更好的互补性，并提高鲁棒性。设 v_n 为统计效度，ω_n 为不同特征图 $F_n(I)$，$n=1,2,\cdots,8$ 的权重，v_n 定义为

$$v_n = \sigma_n^2 + \kappa_n \tag{3.27}$$

其中 σ_n^2 和 κ_n 分别表示 $F_n(I)$ 的方差和峰态。

不同特征图 $F_n(I)$ 的权重 ω_n 通过以下公式计算：

$$\omega_n \begin{cases} 1, & \text{if} \quad v_n = v_1^* \\ 3/4, & \text{if} \quad v_n = v_2^* \\ 2/4, & \text{if} \quad v_n = v_3^*, \\ 1/4, & \text{if} \quad v_n = v_4^* \\ 0, & \text{otherwise} \end{cases} \tag{3.28}$$

其中 $v_i^* = \text{sort}\{v_i\}$ 用降序。

我们根据 v_n 的数值排序分配不同的权重。最后的融合图 F_I 由 8 个特征图 $F_n(I)$，$n=1,2,\cdots,8$ 的加权和计算得到。

$$F_I = \frac{\sum\limits_n \cdot W n F n(I)}{\sum\limits_n \cdot W n} \tag{3.29}$$

为了增强检测的鲁棒性并且达到较好的视觉效果，我们将本节提出的方法在 $\{100\%, 50\%, 25\%\}$ 三个尺度上进行，这样可以更好地抑制背景信息的干扰。

我们还利用中心先验原理来增强显著目标的视觉效果。当人们观察图像时，他们会自然地聚焦在图像中心周围的物体上。因此，为了获得更接近人类视觉注视的显著目标，需要在图像区域的中心增加更多的权重。为了实现中心先验，用一个特征（记为 $f_c(b)$）来表示每个图像块与图像中心之间的距离。对于每个图像块特征 $F_n(b), n=1,\cdots,8$，可以通过以下方式重新计算：

$$F_n^*(b) = F_n(b)f_c(b) \tag{3.30}$$

最后，结合所有块的图像特征 $F_n^*(b)$ 生成特征图 $F_n(I)$。生成的显著图由高斯滤波器平滑处理（模板大小为 10×10，σ 为 2.5）。

3.2.3　实验结果

该实验在 Liu 等[8]创建的 MSRA 数据集上实现，其中包括两个部分：①图像集 A，包含 20000 张图像，并且主要显著目标由 3 个用户进行标记；②图像集 B，包含 5000 张图像[25]，并且主要显著目标由 9 个用户标记。本节提出的方法融合了 8 种特征，我们将它与其他 7 种主流方法进行了比较：Itti（IT）方法[24]、光谱残差（SR）方法[5]、使用自然统计学的显著性（SUN）方法、频率调谐（FT）方法[26]、非参数（NP）方法[12]、上下文感知（CA）方法[15]和块差异性（PD）方法[4]。

我们选择低对比度的图像进行测试，其中 RMS 对比度小于 0.5。图 3.6 显示了这些显著区域检测方法的主观性能比较。从图 3.6 可以看出，本节方法提取的显著目标与真实的显著目标更为相似，所得到的显著图和基准显著图检测到的显著性区域一致。IT 和 SR 方法无法在复杂背景条件下检测到真实的显著目标[18-19]。SUN 和 FT 方法得到的显著图比较模糊，很难清晰地区分显著区域[21, 23]。NP 方法的显著图则保留了大量的背景信息，对纹理图像的检测精度不高[6]。CA 和 PD 方法检测效果较好，但检测到的显著目标不一致[8, 23]。

通过计算真阳性率（TPR）和假阳性率（FPR）实现了性能评估。给出了该方法的基准显著图和得到的显著图 $F_l(x,y)$（$0 \leqslant F_l(x,y) \leqslant 1$）。7 种方法的 TPR 和 FPR 结果与本节提出的方法的性能比较如图 3.7 所示，由图 3.7 可知，本节提出的方法具有较好的性能。

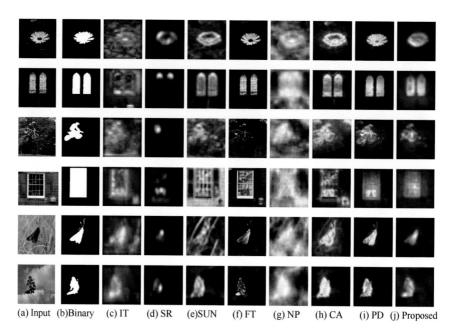

(a) Input (b)Binary (c) IT (d) SR (e)SUN (f) FT (g) NP (h) CA (i) PD (j) Proposed

图 3.6　在 MSRA 数据集的低对比度图像（RMS 对比度小于 0.5）中，本节提出的方
法和其他显著区域检测方法的显著图比较

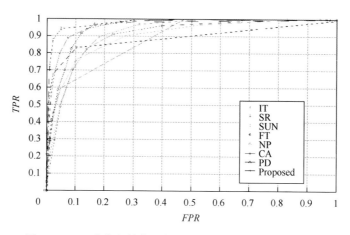

图 3.7　ROC 曲线与其他 7 个显著目标检测模型的性能比较

给定生成的显著图 $F_l(x, y)$，我们设置一个阈值 T（通过 Otsu 的方法计

算）来分割显著目标。设二进制标记为 $B_I(x, y)$，设 G 和 B_I 分别表示所提方法的基准显著图二值掩膜和二值图。$Precision = R(B_I \bigcap G) / R(B_I)$ 和 $Reacall = R(B_I \bigcap G) / R(G)$，其中 $R(\cdot)$ 代表显著区域。综合评价指标 $F_{measure}$ 可通过以下公式求得：

$$F_{\beta} = \frac{(1 + \beta^2)Precision \times Recall}{\beta^2 \times Precision + Recall} \qquad (3.30)$$

我们使用 $\beta^2 = 0.5$ 来衡量精度和召回率。这些显著目标检测模型的精度、召回率和 $F_{measure}$ 的比较如图 3.8 所示：

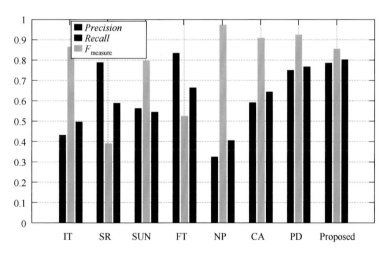

图 3.8　各种显著目标检测模型的精度、召回率和 $F_{measure}$ 性能比较

从图 3.8 中可以看出，本节提出方法的 $F_{measure}$ 值相对于其他 7 种方法都要高一些，这说明该方法具有很好的性能。

该算法在 2GB RAM 的 AMD Athlon 64 X2 双核心 CPU PC 上的 MATLAB 环境下进行。表 3.3 显示本节所提方法和其他 7 种方法的计算复杂度。相对而言，本节所提出的方法比同样使用多尺度空间域方法的 CA 模型更有效。频谱域方法[18, 20]比较省时，但精度不高。然而这两种方法结合了频谱域和空间域方法，时间消耗也较高。其他方法在单一尺度下，仅选择部分图像特征，难以适应不同对比度的复杂图像。

表 3.3　各种显著目标检测模型的运行时间性能比较　　（单位：s）

IT [24]	SR [17]	SUN [18]	FT [6]	NP [19]	CA [27]	PD [8]	Proposed
2.4384	0.4697	3.2196	0.5777	4.5013	118.2615	19.8938	20.4390

3.2.4　总结

本节探讨不同对比度场景的影响与不同特征在显著目标检测中的有效性之间的关系。本节提出的模型基于自适应方法，融合输入图像的亮度、颜色、边缘、方向、梯度、锐度、形状和粗糙度 8 个特征，生成的显著图可以均匀地突显出显著区域。通过与 MSRA 数据集上其他 7 种主流的显著目标检测算法的比较，该方法具有较高的鲁棒性，且在不同对比度场景下实现最优性能，可以进一步精确地从复杂的低对比度背景中提取出显著目标。

参 考 文 献

[1] ACHANTA R，SHAJI A，SMITH K，et al. SLIC superpixels compared to state-of-the-art superpixel methods//IEEE Transactions on Pattern Analysis and Machine Intelligence，2012，34（11）：2274-2282.

[2] YANG C，ZHANG L，LU H，et al. Saliency detection via graph-based manifold ranking//IEEE Conference on Computer Vision and Pattern Recognition. 2013：3166-3137.

[3] ZHOU D，WESTON J，GRETTON A，et al. Ranking on data manifolds. Advances in Neural Information Processing Systems. 2003：169-176.

[4] MARGOLIN R，TAL A，ZELNIK M L. What makes a patch distinct？//IEEE Conference on Computer Vision and Pattern Recognition，2013：1139-1146.

[5] HOU X，ZHANG L. Saliency detection：A spectral residual approach//IEEE Conference on Computer Vision and Pattern Recognition，2007：1-8.

[6]   TONG N，LU H，ZHANG Y，et al. Salient object detection via global and local cues. Pattern Recognition，2015，48（10）：3258-3267.

[7]   FORSTNER W，MOONEN B. A metric for covariance matrices. Geodesy-The Challenge of the 3rd Millennium，2003：299-309.

[8]   LIU T，SUN J，ZHENG N N，et al. Learning to detect a salient object//IEEE Conference on Computer Vision and Pattern Recognition，2007：1-8.

[9]   MOVAHEDI V，ELDER J H. Design and perceptual validation of performance measures for salient object segmentation//IEEE Computer Society Conference on Computer Vision and Pattern Recognition Workshops，2010：49-56.

[10]   YAN Q，XU L，SHI J，et al. Hierarchical saliency detection//IEEE Conference on Computer Vision and Pattern Recognition，2013：1155-1162.

[11]   LI Y，HOU X，KOCH C. The secrets of salient object segmentation//IEEE Conference on Computer Vision and Pattern Recognition，2014：280-287.

[12]   MURRAY N，VANRELL M，OTAZU X，et al. Saliency estimation using a non-parametric low-level vision model//IEEE Conference on Computer Vision and Pattern Recognition，2011：433-440.

[13]   HOU X，HAREL J，KOCH C. Image Signature：Highlighting sparse salient regions//IEEE Transactions on Pattern Analysis and Machine Intelligence，2012，34（1）：194-201.

[14]   SHEN X，WU Y. A unified approach to salient object detection via low rank matrix recovery//IEEE Conference on Computer Vision and Pattern Recognition，2012：853-860.

[15]   GOFERMAN S，ZELNIK M L，TAL A. Context-aware saliency detection//IEEE Transactions on Pattern Analysis and Machine Intelligence，2012，34（10）：1915-1926.

[16]   ZHU W，LIANG S，WEI Y，et al. Saliency optimization from robust background detection//IEEE Conference on Computer Vision and Pattern Recognition，2014：2814-2821.

[17]   TONG N，LU H，YANG M. Salient object detection via bootstrap learning//IEEE Conference on Computer Vision and Pattern Recognition，2015：1884-1892.

[18]   QIN Y，LU H，XU Y，et al. Saliency detection via cellular automa//IEEE Conference on Computer Vision and Pattern Recognition，2015：110-119.

[19]   JIANG P，VASCONCELOS N，Peng J. Generic promotion of diffusion-based salient object detection. //IEEE Conference on Computer Vision. 2015：217-225.

[20]   DAUGMAN J G. Uncertainty relation for resolution in space，spatial frequency，and orientation optimized by two-dimensional visual cortical filters. Journal of the Optical Society of America A：Optics，Image Science，1985，2（7）：1160-1169.

[21]   HU M K. Visual pattern recognition by moment invariants//IEEE Transactions on Information Theory，1962，8（2）：179-187.

[22]   TAMURA H，MORI S，YAMAWAKI T. Texture features corresponding to visual perception//IEEE Transactions on Systems，Man and Cybernetics，1978，8（6）：460-473.

[23]   VU C T，CHANDLER D M. Main subject detection via adaptive feature selection//IEEE 16th

International Conference on Image Processing，2009：3101-3104.

[24] ITTI L，KOCH C，NIEBUR E，A model of saliency based visual attention for rapid scene analysis//IEEE Transactions on Pattern Analysis and Machine Intelligence，1998，20（11）：1254-1259.

[25] ZHANG L，TONG M H，MARKS T K，et al. SUN：A Bayesian framework for saliency using natural statistics. Journal of Vision，2008，8（7）：1-20.

[26] ACHANTA R，HEMAMI S，ESTRADA F，et al. Frequency-tuned salient region detection//IEEE Conference on Computer Vision and Pattern Recognition，2009：1597-1604.

[27] MOULDEN B，KINGDOM F A，GATLEY L F. The standard deviation of luminance as a metric for contrast in random-dot images. Perception，1990，19（1）：79-101.

第4章 基于决策级非线性融合的夜间
图像显著目标检测

第2章和第3章提出的像素级和特征级非线性融合方法主要基于传统的手工特征，这些方法可以在简单的场景中产生理想的显著图。但是，它们缺乏语义信息，在低对比度条件下不具有鲁棒性。基于机器学习的高级特征可以极大地提高显著目标检测的性能。本章从传统的基于机器学习的方法和基于深度学习的方法两个方面讨论决策级非线性融合。

本章提出的传统的基于机器学习的方法利用基于 SVM 的方法来检测低对比度图像中的显著目标。本章提出的基于深度学习的方法是一种嵌入协方差描述符的深度神经网络框架，用于低对比度图像中来突显出目标检测。这两种方法利用分类器的泛化能力，基于决策级非线性融合策略研究图像显著性，通过实验证明两种方法有效地提高低对比度图像的显著目标检测性能。

4.1 低对比度图像的显著特征中的显著目标检测

本节提出一种用于检测低对比度图像中的显著目标的超像素级显著目标检测模型。该模型利用亮度、锐度和幅值特征来反映低对比度图像的显著性信息。本节使用支持向量机（SVM）训练显著图，本节提出的低对比度图像显著目标检测模型流程图如图 4.1 所示。

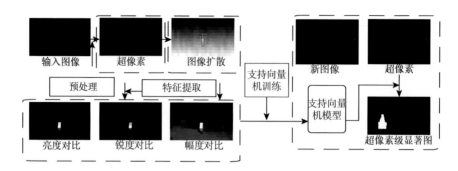

图 4.1　本节提出的低对比度图像显著目标检测模型流程图

4.1.1　本节提出的显著目标检测模型

如图 4.1 所示,本节提出的显著物体检测模型包括三个阶段:首先,利用超像素分割和基于图的排序(红色多边形表示候选前景,黄色线连接共享公共边界的相邻节点)对输入图像进行预处理;然后提取每个超像素的显著性特征;最后,可以使用支持向量机生成显著图。下面分别介绍这三个阶段。

1. 超像素图的构建

首先使用简单的线性迭代聚类(SLIC)算法将待输入图像分割成多个超像素[1]。然后,使用基于图的方法将图片映射到包含 N 个节点的图 $G=(V,E)$ 中,其中 V 是节点集(每一个节点对应一个超像素 $SP(i), i = 1, \cdots, N$),E 是边集。指定一个节点作为查询 q,而剩余节点则根据对其相关性进行排序。给定 G,关联矩阵和度矩阵表示为 A 和 D。I 是图 G 的单位矩阵,参数 $\alpha = 0.99$ 在流形排序中控制一元电位和双元电位的平衡,$\Lambda = D^{-1/2} A D^{-1/2}$ 是归一化的拉普拉斯矩阵。

对于给定的图像,排序分数 R 可以表示每个节点的显著性。假设

$\boldsymbol{d}^* = (\boldsymbol{I} - \alpha\boldsymbol{\Lambda})^{-1}$ 表示扩散矩阵，图像的特征显著性扩散（表示为 $S_n(i)$，$n = 1,2,3$）可以通过式（4.1）表示。

$$S_n(i) = \boldsymbol{d}^* F_n(i) \tag{4.1}$$

特征显著性扩散可以反映不同特征 $F_n(i)$，$i = 1,\cdots,N$ 的重要性，并且可以用于特征感知。

2. 低对比度图像的显著性特征提取

在人类视觉系统中，光照和亮度是显著目标检测的关键，它们可以影响视觉系统的敏锐度，尤其是在夜间。鉴于此，本节采用的模型从低对比度图像中的每个超像素中提取三个显著性特征，包括亮度、锐度和幅度对比度（表示为 $F_n(i)$，$i = 1,2,3$）。

1）低对比度图像的亮度提取

低光照场景使物体的可见辐射降到很低的水平，因此，亮度的差异成为衡量物体显著性的一个重要指标。亮度对比度 $F_1(i)$ 可用式（4.2）计算。

$$F_1(i) = \sum_{j=1}^{N} \omega(i,j) \cdot |L(i) - L(j)| \tag{4.2}$$

其中 $L(i)$ 和 $L(j)$ 分别表示 $SP(i)$ 和 $SP(j)$ 的平均亮度。

权重 $\omega(i,j)$ 可以用式（4.3）计算。

$$\omega(i,j) = Num(j) / |c(i) - c(j)| \tag{4.3}$$

其中 $Num(j)$ 表示 $SP(j)$ 中像素点的个数，$c(i)$ 和 $c(j)$ 分别表示空域中 $SP(i)$ 和 $SP(j)$ 的中心位置。

2）低对比度图像的锐度提取

锐度代表图像分辨率和边缘锐度。在低对比度图像中，低信噪比特性使得显著性信息不明显。因此，对从背景中识别出的显著目标来说，总体响应是非常重要的，它不太容易受到局部变化的影响。轮廓响应对于从背景中识别出显著目标是很重要的。锐度对比度 $F_2(i)$ 可以使用轮廓特征计算，如式（4.4）。

$$F_2(i) = \sum_{j=1}^{N} \left| \upsilon(i) - \upsilon(j) \right| / \left| c(i) - c(j) \right| \tag{4.4}$$

其中 $SP(i)$ 的锐度值 $\upsilon(i)$ 可以使用式（4.5）计算。

$$\upsilon(i) = \sum_x \sum_y \left[g(x,y)^* G_x^\sigma(x,y) \right]^2 + \left[g(x,y)^* G_y^\sigma(x,y) \right]^2 \tag{4.5}$$

其中 $g(x,y)$ 表示在超像素 $SP(i)$ 中 (x,y) 处的灰度级；$G_x^\sigma(x,y)$ 和 $G_y^\sigma(x,y)$ 分别表示高斯函数在垂直方向和水平方向上的一阶导数；σ 是高斯滤波器的尺度。

3）低对比度图像的幅度对比度提取

幅度谱可以作为一种潜在的对比度测量方法。幅值谱与频率呈反比下降，因此可以用于测量使图像模糊的高频内容衰减。这里，利用幅度值特征来检测受图像对比度的影响较小的显著目标。通过式（4.6）可以计算出幅度的差异性，以此来测量超像素的显著性。

$$F_3(i) = \left| a(i) - S_{\text{mean}} \right| \tag{4.6}$$

其中 $a(i)$ 表示 $SP(i)$ 的平均幅度值；S_{mean} 表示输入图像的平均幅度值。

3. 基于支持向量机的特征训练

为了在低对比度图像中生成显著图，采用传统的支持向量机方法通过式（4.1）对提取的三个显著性特征进行训练。我们利用 2000 个超像素（从 10 张低对比度图像中获得）作为训练数据。给定训练样本 $\{S_n(i), l(i)\}$，$S_n(i)$ 是超像素级特征数据，$l(i) \in \{0,1\}$ 是类别标签，表示对应超像素的显著性,并使用支持向量机将数据映射到生成模型。然后,根据预训练的支持向量机模型预测来自新的图像中的超像素级的显著目标。

4.1.2　实验结果

我们进行大量实验对本节提出方法的性能进行了评估。在低光照的环境下,用一个标准的相机去拍摄大量低对比度的图像。我们选择 200 个典型的低对比度图像进行测试。三个观察者用方框标注每个显著物体的基准显著图。为了评估所采用的基于超像素的显著目标检测方法,我们也为显著目标提供了人工分割的基准显著图。将本节提出的方法与前沿的 5 个模型在性能上进行对比,这 5 个模型分别是非参数模型(NP)[3]、图像签名模型(IS)[4]、场景感知模型(CA)[5]、块差异性模型(PD)[6]和基于图的流形排序模型(GBMR)[7]。

主观性能比较如图 4.2 所示,图中显示了由本节所述模型和其他 5 个模型获得的显著图。从图 4.2 可以看出,在低对比度图像中,通过本节提出的方法生成的超像素级的显著图得到了更好的效果。GBMR 模型生成的显著图包含了太多的背景信息。在测试过程中,NP,IS,CA 和 PD 模型通常不能解释测试中的显著性信息。

在客观比较中,我们计算真阳性率(TPR)以及假阳性率(FPR)去评估各种方法的准确度。给出获得的显著图和基准显著图二值掩膜,并用一个固定的阈值来生成 TPR 和 FPR 曲线。TPR 值对应正确检测的显著性像素与基准显著图显著像素的比值,同时 FPR 值被定义为在基准显著图非显著区域的像素中错误地检测到显著像素的百分比。图 4.3 给出了各种显著目标检测模型的 TPR 和 FPR 结果的性能比较,表明本节提出的方法在低对比度图像中具有相当好的性能。

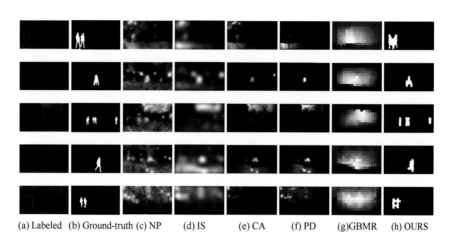

(a) Labeled (b) Ground-truth (c) NP   (d) IS   (e) CA   (f) PD   (g)GBMR   (h) OURS

图 4.2 低对比度图像中各种显著目标检测模型的显著图

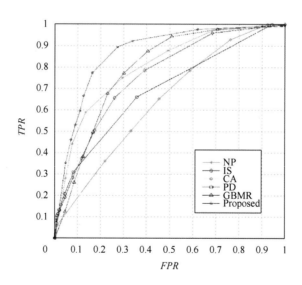

图 4.3 本节提出的方法与其他 5 种显著目标检测模型的 TPR 和 FPR 性能比较

  另外，我们也采用了精确度、召回率和 F_{measure} 值进行性能评估。可以通过比较基准显著图以及测试获得的二值图来计算精确度和召回率。通过式（4.7）可以计算综合的评估指标 F_{measure} 值。

$$F_{\text{measure}} = \frac{(1+\beta^2)\,precision \cdot recall}{\beta^2 \cdot precision + recall} \qquad (4.7)$$

本节提出的方法使用 $\beta^2 = 0.3$ 来权衡精确度和召回率。各种方法的精确度、召回率和 F_{measure} 值的性能在图 4.4 进行了比较。可以看出，本节提出的方法的 F_{measure} 值相对高于其他 5 种方法。

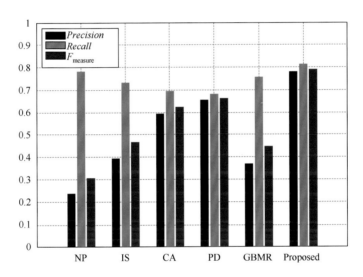

图 4.4 各种显著目标检测模型的精度、召回率和 F_{measure} 性能比较

本节提出的方法在 G2020 CPU，4GB RAM 的计算机上用 MATLAB 实现。表 4.1 展示了本节方法和其他 5 种方法的计算复杂度，表明了我们的方法相对来说效率更高。

表 4.1 各种显著目标检测模型的运行时间 （单位：s）

检测模型	NP	IS	CA	PD	GBMR	OURS
运行时间	36.9299	2.1810	97.8182	80.0217	8.2689	6.4301

4.1.3　总结

本节提出一种基于超像素的方法来检测低对比度图像中的显著目标。本节提出的方法能够在主流的显著目标检测计算模型上获得相当好的性能，这在使用低对比度图像的大量实验中得到验证。

4.2　基于协方差卷积神经网络的低对比度图像显著目标检测模型

本节介绍基于协方差卷积神经网络的显著目标检测模型。该模型融合高层特征和低层特征。高级特征用粗糙的空间位置评估对象性。而低级特征评估图像中不同超像素之间的相似性。本节提出的方法有以下三个主要步骤：首先，提取多尺度低级图像特征以计算它们的相互协方差；然后，使用卷积神经网络模型训练协方差描述符，再对图像块是否对应于一个显著区域进行分类；最后，基于卷积神经网络特征图，通过估计图像块的局部和全局显著性来检测显著目标。本节提出的低对比度图像显著目标检测模型如图4.5所示。

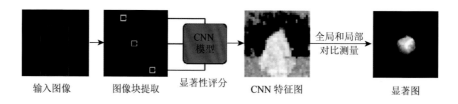

图 4.5　本节提出的低对比度图像显著目标检测模型

通过预训练的卷积神经网络模型对分割后的图像进行前馈,对每个块进行显著性评分,形成卷积神经网络特征图。通过局部对比和全局对比得到最终的显著图。本节提出的基于协方差描述符的卷积神经网络框架如图 4.6 所示。

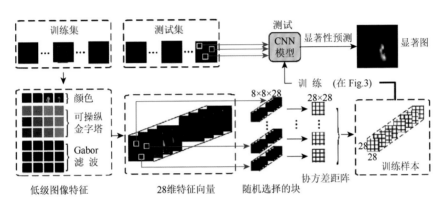

图 4.6　本节提出的基于协方差描述符的卷积神经网络框架

4.2.1　本节提出的模型

1. 多尺度特征提取

对于给定的图像,通过从每个像素中提取多个低层图像特征,形成一个特征集。基于这些视觉特征(表示为 $f_k(x,y)$, $k=1,\cdots,28$),输入图像可以转换为多维特征向量:

$$F(x,y)=\left[f_1(x,y)f_2(x,y)\cdots f_k(x,y)\cdots f_{28}(x,y)\right]^{\mathrm{T}} \tag{4.8}$$

保留构成前景的细节信息。在我们的工作中,提取了 28 个低层图像特征来表达弱光图像,包括颜色特征、可操纵金字塔特征和 Gabor 滤波特征等。

(1)颜色特征。将图像转换至不同的颜色空间,提取 4 种颜色特征。

首先，在 RGB 颜色空间中通过取 3 个颜色通道的像素值的平均值来提取图像的强度特征。其次，将图片转换到 LAB 颜色空间中提取亮度特征。最后，在 HSV 颜色空间中提取每个像素的色调和饱和度特征，以此来区分色差并捕获有效信息。这 4 种颜色特征受图像对比度和噪声的影响较小。

（2）可操纵金字塔特征[8]。对人类注意机制的研究表明，人类视觉系统的神经元对固定角度的图像信号有着较为明显的反应，因此可以引入方向特征来描述图像信号在某些特定方向上的显著属性。可操纵金字塔作为一种多尺度分解方法，可以利用不同的参数将图像精确地转换成不同的方向和尺度子带。用这种方法可以消除信号数据中的噪声。我们在 4 个不同方向的 3 个尺度上过滤图像，总共提取 12 个可操纵的金字塔特征。低对比度图像的边缘取向信息可以由这些可操纵的金字塔特征表示，这些特征对于噪声的影响是鲁棒的。

（3）Gabor 滤波特征[9]。Gabor 滤波器是一种有效的去噪方法，可以用来测量尺度和方向特征，从而检测边缘和纹理特征。Gabor 滤波器具有符合人类视觉系统机制的局部化特性，因此，Gabor 滤波器的特性对弱光引起的低能见度具有鲁棒性。本节提出的方法通过在 12 个方向上进行 Gabor 滤波，提取单一尺度下的 12 个 Gabor 滤波特征，我们选择的最小滤波器的带宽为 8。低对比度图像中显著目标的轮廓信息可以通过 Gabor 滤波特征提取出来。

2. 基于特征的区域协方差

显著性线索可以由多维特征向量的协方差矩阵描述，该矩阵对噪声不敏感，在低对比度图像中可以保留更有意义的显著性信息。本节提出的方法计算各种块大小的特征协方差矩阵，并训练神经网络并通过协方差矩阵预测显著性。在将图像表示为 28 维特征向量之后，将这些低级特征的协方差矩阵转化为图像区域的描述符。协方差是衡量这些特征之间相关性的重要指标。这些特征向量的协方差矩阵为不同低层图像特征的非线性整合提供了一种有效的方法。由于协方差的计算使用的是强度方差而不是强度平均值，因此协方差描述符对亮度变化和噪声扰动的敏感性较低。消除噪声的效果有助于突出信号像素[10]。协方差描述符可以有效地表示低光照环境下的显著信息，并且对低对比度条件下复杂信息的干扰具有较强的鲁棒性。

对于给定的输入图像，首先将其分割成 8×8 的非重叠块 $B(i)$，$i = 1, \cdots, N$，N 是块的总数。对于每一个块区域 $B(i)$，区域描述符可以表示为特征点的一个 28×28 的协方差矩阵[11]，因为特征向量是 28 维的。每个块 $B(i)$ 的协方差矩阵（表示为 C_i）由如下公式计算：

$$C_i = \frac{1}{n-1} \sum_{j=1}^{n} (F_j(x,y) - \mu^*)(F_j(x,y) - \mu^*)^{\mathrm{T}}, F_j(x,y) \in B(i) \quad (4.9)$$

其中 $\{F_j(x,y)\}$，$j = 1, \cdots, n$ 表示 $B(i)$ 中的 28 维特征点；μ^* 是这些点的均值。利用协方差矩阵可以自然地融合可能相关的低层图像特征。

3. 基于卷积神经网络的样本训练

为了提高显著性计算的精度，可以引入卷积神经网络训练协方差矩阵，并对每个块的显著性进行测量。在训练阶段，首先构造 100 幅图像的 28 维特征向量，从每个测试数据集中随机选择图像。然后从这些图像中随机提取 $m = 10000$ 的 $p \times p$ 块 b_i，$i = 1, \cdots, m$，每个块表示一个 28×28 的协方差矩阵。对于 m 个训练样本 $train\_x_i$，从基准显著图中获得对应的标签 $train\_y_i = \{0, 0.1, \cdots, 0.9\}$ 代表这个块的显著性。每个样本都有 10 个标签，表示块 b_i 中显著像素在基准显著图中的比例。本节提出的卷积神经网络框架如图4.7所示，它是基于 Palm 的深度学习工具箱[12]构建的。

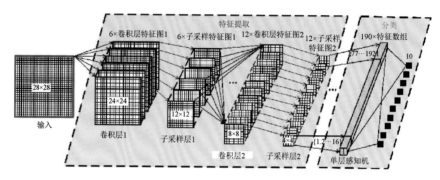

图 4.7　本节提出的 7 层卷积神经网络框架

给定一个 28×28 的协方差矩阵，第一个卷积层由 6 个特征图和 6 个子采样层组成。第二个卷积层由 12 个特征图组成，后跟 12 个子采样层。将特征图串联连接成特征向量，该特征向量可以通过完全连接输入最终的分类形式。

4. 基于对比度的显著性计算

基于对比度的显著性计算综合了局部对比度和全局对比度，可以对低对比度图像的显著性进行估计。局部对比度和全局对比度两种方法可以发挥互补作用，相互帮助来精确地检测出显著目标。该过程不仅可以估计图像块的内在属性，还可以测量显著目标的视觉对比度。

在训练阶段，训练图像由协方差描述符表示，并使用具有显著性标签的卷积神经网络模型来反映相关性信息。显著目标检测可以视为基于分类器的显著性决策过程。

在检测阶段，首先将输入的图像重新缩放为 256×256 的像素，并提取 28 个视觉特征以将图像抽象为 28 维特征向量。然后将图像分别划分为 $p \times p$，$p = \{8,16,32\}$ 的非重叠块，计算各块的协方差矩阵，并将其作为测试样本。每个非重叠块都可以通过预先训练的深度卷积神经网络模型标记显著性标签。

测试显著性的标签可以作为每个块 $B(i)$，$i = 1,\cdots,N$ 的描述符。$B(i)$ 的显著性值由 $B(i)$ 及其周围邻域 $B(j)$ 之间的加权平均显著性标签差异定义：

$$S(B(i)) = \frac{1}{M} \sum_{j=1}^{M} \frac{|B(i) - B(j)|}{1 + |c(i) - c(j)|} \tag{4.10}$$

其中 $c(i)$ 和 $c(j)$ 分别表示 $B(i)$ 和 $B(j)$ 的中心；$B(j)$（$j = 1,\cdots,M$）分别以局部和全局形式表示 $B(i)$ 周围的相邻块。$B(i)$ 的局部对比度和全局对比度可以通过式（4.9）计算，分别对应相邻块和整个图像。在本节提出的模型中也使用多尺度策略，计算不同尺度的图像块的显著性可以适应显著对象的尺寸差异，并且可以抑制低对比度噪声背景的干扰。

4.2.2　实验结果

1. 数据集

我们在以下 6 个数据集上进行实验，评估该模型的性能：

（1）MSRA[13]数据集包含由不同人类主体标记的显著目标；

（2）SOD[14]数据集包含复杂场景中的显著目标；

（3）CSSD 数据集包含复杂场景；

（4）DUT-OMRON[7]数据集提供具有挑战性的图像和像素级的基准显著图；

（5）PASCAL-S[15]数据集包含背景杂乱的自然图像；

（6）夜间图像（NI）数据集是我们使用消费者级数码相机创建的。它包含了一些在夜间拍摄的低对比度图像，分辨率为640×480。

我们选取300张典型的低对比度图像进行测试。为评估提出的显著目标检测模型的性能，我们还提供了人工标注的基准显著图。

2. 评价标准和与主流方法对比实验

将本节提出的模型与10个主流的模型相比，包括非参数模型（NP）[3]、图像签名（IS）模型[4]、低秩矩阵恢复（LR）模型[16]、环境敏感（CA）模型[5]、块差异性（PD）模型[6]、基于流形排序（GBMR）模型[7]、显著优化（SO）模型[17]、引导学习（BL）模型[18]、细胞自动机（BSCA）模型[19]及全局和局部的线索（GL）模型[20]。

计算真阳性率（TPR）和假阳性率（FPR）来评价模型的准确性。给出所得到的显著图$S_t(x, y)$（$0 \leqslant S_t(x, y) \leqslant 1$）和基准显著图二值掩膜（表示为$G_T(x, y)$），用固定阈值$t$（$0 \leqslant t \leqslant 1$）生成二值掩膜$B_t^*(x, y)$。TPR和FPR可由以下公式计算：

$$TPR = E(\prod_t B_t^*(x, y) \cdot G_T(x, y)) \qquad (4.11)$$

$$FPR = E(\prod_t (1 - B_t^*(x, y) \cdot G_T(x, y)) \qquad (4.12)$$

如图4.8所示，本节提出的模型在6个数据集上的性能优于其他10个主流的显著目标检测模型。

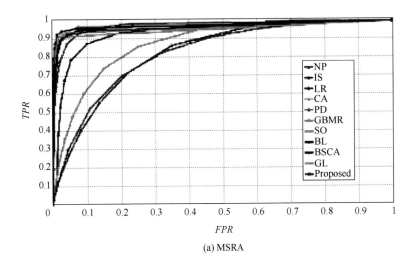

(a) MSRA

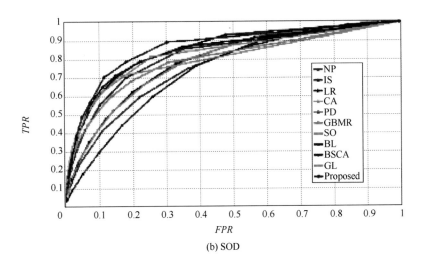

(b) SOD

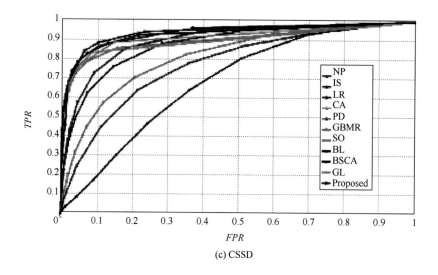

(c) CSSD

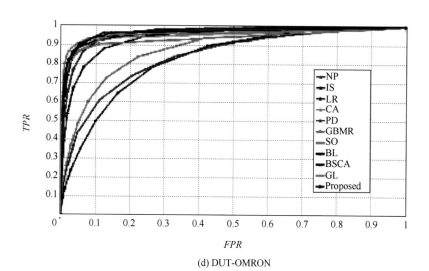

(d) DUT-OMRON

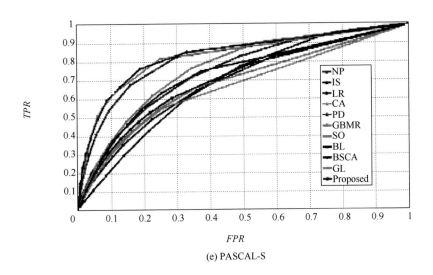

(e) PASCAL-S

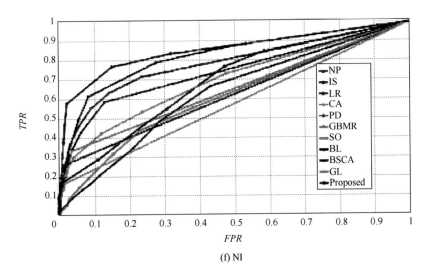

(f) NI

图 4.8　本节提出的模型与 6 个数据集上的其他 10 个模型的 TPR 和 FPR 性能比较

　　我们还计算曲线下面积（AUC）值，以提供直观的比较。表 4.2 显示了这些显著物体检测模型的 AUC 结果。各种显著目标检测模型的最佳两个结果分别以红色和蓝色字体显示。可以看出，本节提出的模型在 SOD，CSSD，PASCAL-S 和 NI 数据集上实现了最高的 AUC 分数，在 MSRA 和 DUT-OMRON 数据集上获得了第二高的 AUC 分数。GL 模型（98.05%）在 MSRA 数据集上获得了比本节提出的模型（97.70%）略高的 AUC 分数，其中包含大量彩色图像。本节提出的模型实际上考虑用较少的颜色特征来构建低对比度显著目标检测模型，因为当对比度变低时大多数颜色信息会褪色。BL 模型在 DUT-OMRON 数据集上的 AUC 分数（97.31%）比本节提出的模型（96.82%）高一些。虽然 BL 模型处理具有不同内核的 SVM 及学习分类器，这些分类器在几个具有挑战性的数据集上是鲁棒的，但 BL 模型非常耗时，每张图像的平均处理时间为 66.90s，而我们的模型仅需 7.32S。在 NI 数据集上，我们的模型获得了 85.46% 的 AUC 分数，而第二名（LR）获得了 82.50% 的 AUC 分数，这表明本节提出的模型在低对比度场景中具有更好的预测结果。

表 4.2　6 个数据集上不同显著目标检测模型的 AUC 性能　（单位：s）

数据集	NP	IS	LR	CA	PD	GBMR	SO	BL	BSCA	GL	OURS
MSRA	0.8259	0.8261	0.9387	0.8764	0.9747	0.9521	0.9617	0.9734	0.9638	0.9805	0.9770
SOD	0.7546	0.7358	0.7834	0.7828	0.8169	0.7902	0.7977	0.8492	0.8367	0.8230	0.8609
CSSD	0.7734	0.6854	0.8822	0.8156	0.8999	0.9005	0.8984	0.9387	0.9326	0.9153	0.9390
DUT-OMRON	0.8406	0.8288	0.9423	0.8754	0.9629	0.9388	0.9587	0.9731	0.9598	0.9589	0.9682
PASCAL-S	0.7479	0.6858	0.6856	0.7680	0.8175	0.6821	0.6608	0.7000	0.7278	0.8309	0.8379
NI	0.7843	0.7437	0.8250	0.6509	0.6256	0.6127	0.5779	0.6917	0.6292	0.6996	0.8546

此外，我们还使用精度、召回率和 $F_{measure}$ 标准进行性能评估。用 $R(\cdot)$

表示显著区域，给定所获得的最终显著图的基准显著图二值掩膜（表示为 G_T ）和二值掩膜（表示为 B_m ），可以通过式（4.13）和式（4.14）计算精度和召回率：

$$Prercision = \frac{R(\mathrm{B_m} \bigcap G_\mathrm{T})}{R(B_\mathrm{m})} \tag{4.13}$$

$$Receall = \frac{R(B_\mathrm{m} \bigcap G_\mathrm{T})}{R(G_\mathrm{T})} \tag{4.14}$$

可以通过式（4.15）计算 F_measure：

$$F_\mathrm{measure} = \frac{(1+\beta^2)\,precision \cdot recall}{\beta^2 \cdot precision + recall} \tag{4.15}$$

该模型使用 $\beta^2 = 0.3$ 来衡量准确率和召回率。各模型的精度、查全率、F_measure 性能比较如图 4.9 所示。

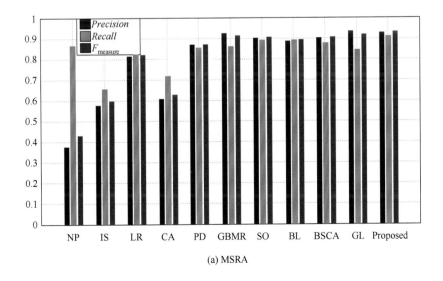

(a) MSRA

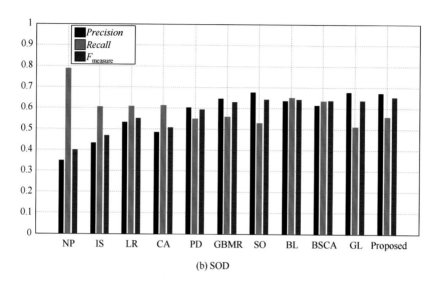

(b) SOD

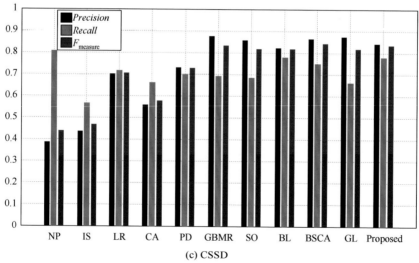

(c) CSSD

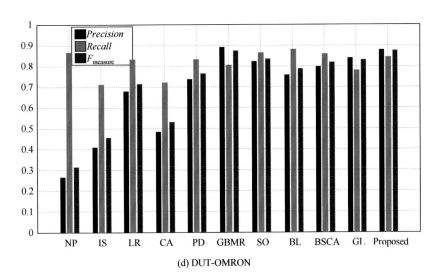

(d) DUT-OMRON

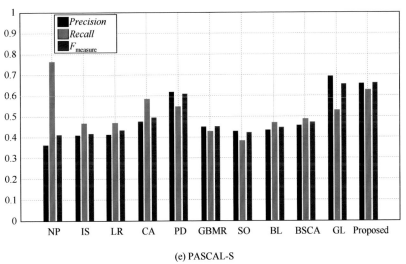

(e) PASCAL-S

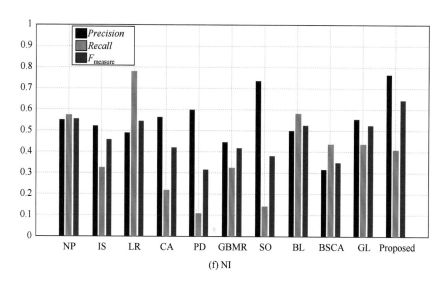

(f) NI

图 4.9　本节提出的模型与 6 个数据集上的其他 10 个模型的精确度、召回率和
F_{measure} 性能比较

我们引入平均绝对误差（MAE）作为附加评价准则，它由生成的显著图 $S_I(x, y)$ 与基准显著图 $G_T(x, y)$ 的平均差值计算得到：

$$MAE = \frac{1}{W \times H} \sum_1^W \sum_1^H \left| S_I(x, y) - G_T(x, y) \right| \qquad (4.16)$$

其中 W 和 H 分别表示输入图像的宽度和高度。显著图的 MAE 得分越小，越接近基准显著图。

各模型的 MAE 性能比较如表 4.3 所示。本节提出的模型获得了较低的 MAE 分数，这表明我们的显著图与基准显著图有较高的相似性。尽管我们的模型在 DUT-OMRON 数据集上的 MAE 评分（0.0732）并不令人满意，它比 SO 模型（0.0655）稍高一些。与主流的模型相比，整体显著目标检测结果达到了最好的性能。

表 4.3　6 个数据集上不同显著目标检测模型的 MAE 性能

数据集	NP	IS	LR	CA	PD	GBMR	SO	BL	BSCA	GL	OURS
MSRA	0.3882	0.2751	0.1936	0.2303	0.1499	0.0711	0.0642	0.1190	0.0763	0.1011	0.0522
SOD	0.4228	0.3642	0.2929	0.3012	0.2566	0.2437	0.2074	0.2555	0.2371	0.2354	0.1985
CSSD	0.4184	0.4085	0.2564	0.2921	0.2360	0.1577	0.1453	0.1897	0.1547	0.1797	0.1419
DUT-OMRON	0.3960	0.2761	0.1924	0.2072	0.1485	0.0796	0.0655	0.1488	0.0986	0.1138	0.0732
PASCAL-S	0.4133	0.3577	0.3231	0.3034	0.2519	0.2945	0.2796	0.3214	0.2899	0.2346	0.2215
NI	0.1825	0.1813	0.2546	0.1808	0.1765	0.2732	0.1810	0.3068	0.2852	0.2373	0.1329

本节提出的模型在具有 12GB RAM 的 G2020 CPU PC 上由 MATLAB 实现。表 4.4 显示了所提出的模型相对于其他 10 个模型的执行时间。

表 4.4　6 个数据集上各种显著目标检测模型的运行时间　（单位：s）

数据集	NP	IS	LR	CA	PD	GBMR	SO	BL	BSCA	GL	OURS
MSRA	2.172	0.322	44.496	48.275	14.199	1.056	0.108	40.939	1.530	7.990	5.895
SOD	10.555	2.206	39.692	50.703	10.147	5.354	0.207	63.835	1.682	9.465	6.391
CSSD	3.543	0.368	38.366	65.363	11.392	1.611	0.231	51.985	1.299	8.999	6.205
DUT-OMRON	5.984	1.240	22.920	56.246	33.157	1.640	0.066	65.896	1.391	10.309	7.325
PASCAL-S	12.416	1.059	50.821	70.448	28.996	0.992	0.201	65.682	1.448	11.303	6.331
NI	5.249	1.174	190.05	82.867	35.686	2.923	0.098	95.964	2.959	21.366	7.553

如表 4.4 所示，因为 SO 模型直接集成低级别线索，IS 模型仅生成低分辨率显著图，所以它们消耗更少的时间。虽然本节提出的模型的执行时间略高于 NP、GBMR 和 BSCA 模型，但是，本节提出的模型可以获得更准确的结果。对于 CA 和 BL 模型，每个图像需要超过 40s 才能进行显著物体检测，相对而言，本节提出的模型是比较有效的。

6 个数据集的主观性能比较如图 4.10 所示，基于超像素的模型 GBMR，SO，BSCA，GL 和本节提出的模型具有一致的显著区域。同时，提取的显著目标与基准显著图二值掩膜更相似。NP 的显著图未能清楚地区分显著区域与周围环境。IS 模型生成的显著图包含太多背景信息。通过 CA 和 PD 模型获得的显著图获得了相当好的结果，但是它们通常无法在测试中解释显著性信息。在 NI 数据集中获得的显著图表明，本节提出的模型可以在低对比度图像中实现最佳性能。

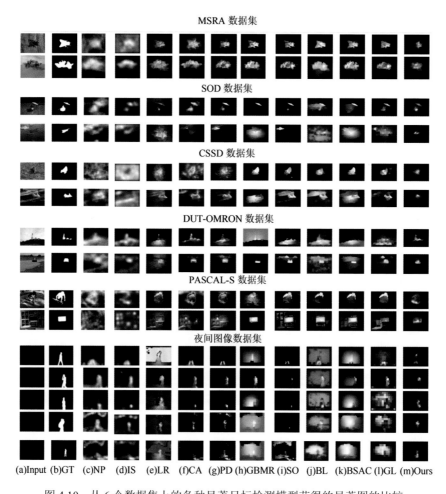

图 4.10　从 6 个数据集上的各种显著目标检测模型获得的显著图的比较

（a）测试图像；（b）基准显著图二值掩膜；（c）～（l）由 10 个主流的显著目标检测模型获得的显著图；
（m）通过提出模型获得的显著图

4.2.3　总结

本节提出一种基于协方差的低对比度图像中的显著目标检测特征学习框架。首先，我们利用深度卷积神经网络训练的协方差描述符对多个低阶图像特征进行集成。在此过程中，在保持显著目标结构信息的同时，基本消除背景噪声。然后，我们利用预先训练的卷积神经网络模型，输入图像可以表示为显著性评分图。最后，我们通过计算局部对比度和全局对比度来估计多尺度图像块的显著性值。在5个公共基准数据集（MSRA，SOD，CSSD，DUT-OMRON，PASCAL-S）和夜间图像数据集（NI）上的实验验证了所提出的显著目标检测模型的有效性。

参 考 文 献

[1] ACHANTA R，SHAJI A，SMITH K，et al. SLIC superpixels compared to state-of-the-art superpix-el methods//IEEE Transactions on Pattern Analysis and Machine Intelligence，2012，34（11）：2274-2282.

[2] ZHOU D，WESTON J，GRETTON A，et al. Ranking on data manifolds，Advances in Neural Information Processing Systems，2004（16）：169-176.

[3] MURRAY N，VANRELL M，OTAZU X，et al. Saliency estimation using a non-parametric low-level vision model//IEEE Conference on Computer Vision and Pattern Recognition，2011：433-440.

[4] HOU X，HAREL J，KOCH C. Image Signature：Highlighting sparse salient regions//IEEE Transactions on Pattern Analysis and Machine Intelligence，2012，34（1）：194-2012.

[5] GOFERMAN S，ZELNIKM L，TAL A.Context-aware saliency detection//IEEE Transactions on Pattern Analysis and Machine Intelligence，2012，34，（10）：1915-1926.

[6] MARGOLIN R，TAL A，ZELNIK M L.What makes a patch distinct？//IEEE Conference on Computer Vision and Pattern Recognition，2013：1139-1146.

[7] YANG C，ZHANG L，LU H，et al. Saliency detection via graph-based manifold ranking//IEEE Conference on Computer Vision and Pattern Recognition，2013：3166-3137.

[8] SIMONCELLI E P. FREEMAN W T. The steerable pyramid：A flexible architect ture for multi-scale derivative computation//IEEE International Conference on Image Processing，1995：444-447.

[9] DAUGMAN J G. Complete discrete 2-D Gabor transforms by neural networks for image analysis and compression//IEEE Transactions on Acoustics，Speech，and Signal Processing，1988，36（7）：1169-1179.

[10]　ZHENG Y，JEON B，XU D，et al. Image segmentation by generalized hierarchical fuzzy C-means algorithm. Journal of Intelligent and Fuzzy Systems，2015，28（2）：961-973.

[11]　TUZEL O，PORIKLI F，MEER P. Region covariance：A fast descriptor for detection and classification//Proceedings of 9th European Conference on Computer Vision，2006：589-600.

[12]　PALM R B. Prediction as a candidate for learning deep hierarchical models of data. Master's thesis，Technical University of Denmark，2012：17-26.

[13]　LIU T，SUN J，ZHENG N N，et al. Learning to detect a salient object//IEEE Conference on Computer Vision and Pattern Recognition，2007：1-8.

[14]　MOVAHEDI V，ELDER J H. Design and perceptual validation of performance measures for salient object segmentation//IEEE Computer Society Conference on Computer Vision and Pattern Recognition Workshops，2010：49-56.

[15]　LI Y，HOU X，KOCH C，et al. The secrets of salient object segmentation//IEEE Conference on Computer Vision and Pattern Recognition，2014：280-287.

[16]　SHEN X，WU Y. A unified approach to salient object detection via low rank matrix recovery//IEEE Conference on Computer Vision and Pattern Recognition，2012：853-860.

[17]　ZHU W，LIANG S，WEI Y，et al. Saliency optimization from robust background detection//IEEE Conference on Computer Vision and Pattern Recognition，2014：2814-2821.

[18]　TONG N，LU H，YANG M. Salient object detection via bootstrap learning//IEEE Conference on Computer Vision and Pattern Recognition，2015：1884-1892.

[19]　QIN Y，LU H，XU Y，et al. Saliency detection via cellular automata//IEEE Conference on Computer Vision and Pattern Recognition，2015：110-119.

[20]　TONG N，LU H，ZHANG Y，et al. Salient object detection via global and local cues. Pattern Recognition，2015，48（10）：3258-3267.

第5章 基于非线性融合夜间图像显著目标检测的应用

本章介绍夜间环境中显著目标检测的原理和方法,探讨夜间视频中显著目标检测的关键技术,为复杂环境下的夜间安防监控和目标定位等热点问题提供理论和技术基础。

本章还介绍计算机视觉和多媒体分析领域的几种基于显著目标检测的应用。目的是通过模拟人类视觉系统中的显著目标检测机制,证明计算机可以像人类视觉系统那样处理视觉信息,并且处理结果可以更好地满足人类的感知。

5.1 目 标 跟 踪

目标跟踪[1]一直是计算机视觉领域中最重要、最活跃的研究领域之一。近年来,人们提出了大量的跟踪算法并获得成功。一般在线视觉跟踪由四个基本组成部分:特征提取、运动模型、外观模型和在线更新机制。

(1)特征提取。在线视觉跟踪算法要求提取的视觉特征能更好地描述跟踪目标,并能快速计算。常见的图像特征包括灰度特征[2]、颜色特征[3]、纹理特征[4]、类哈尔矩形特征[5]、兴趣点特征[6]和超像素特征[7]等。

(2)运动模型。运动模型用于描述帧与帧目标运动状态之间的关系,在视频帧中显式或隐式地预测目标图像区域,并给出一组可能的候选区域。经典运动模型包括卡尔曼滤波[8]和粒子滤波[9-10]等。

（3）外观模型。外观模型的作用是确定候选图像区域在当前帧中被跟踪的概率。首先提取图像区域的视觉特征，然后输入匹配或决策的外观模型，最后确定被跟踪目标的空间位置。在视觉跟踪的四个基本组成部分中，外观模型是核心。如何设计鲁棒的外观模型是在线视觉跟踪算法的关键。

（4）在线更新机制。为了捕获跟踪过程中目标（背景）的变化，在线视觉跟踪需要包含在线更新机制，以便在跟踪过程中不断更新外观模型。常见的外观模型更新方法有模板更新、增量子空间学习算法和在线分类器。如何设计一个合理的在线更新机制，在不降低模型性能的前提下捕获目标（背景）的变化，也是在线视觉跟踪研究中的一个关键问题。

5.2 目 标 检 测

目标检测是计算机视觉领域的一个基础研究课题。它主要包括两种不同类型的检测任务[11-12]：实例目标检测任务和通用目标检测任务。

实例目标检测任务的目标是识别和定位已知特定输入图像的一个或多个对象，例如特定的汽车。这些任务可以被认为是特定对象的样本集和要检测的特定输入图像之一。目标之间的匹配问题、待检测的输入图像中的样本集和目标之间的差异主要是由成像条件的变化造成的。

通用目标检测任务侧重于对预定义类别所涵盖的所有可能个体进行分类和定位，例如车辆检测、行人检测。通用目标检测任务比实例目标检测任务更具挑战性。因为现实世界中许多不同类别的目标之间的视觉差异很小，并且相同类型的目标之间的差异不仅受成像条件变化的影响，而且还受到目标的物理性质变化的影响。例如，在生物学中，花是非常多样化的，个体之间的颜色、纹理和形状是不断变化的。在真实场景中，目标通常只占据整个场景的一小部分，可能被其他物体遮挡，或者场景伴有视觉上相似的背景结构。这些情况的出现也对目标检测任务提出了巨大的挑战。

综上所述，目标检测任务可以分为两个关键子任务：目标分类任务和目标定位任务。目标分类任务负责判断输入图像中是否存在感兴趣的对象类别，并输出一系列标记，标记上的分数表示感兴趣的目标出现在输入图像中的可能性。目标定位任务负责确定感兴趣目标在输入图像中的位置和范围、输出目标的边界框、目标的中心或目标的闭合边界等。通常，方形边界框是最常见的选择。

目标检测任务是进行大量高级视觉任务的先决条件，包括活动或事件识别、场景内容理解等。目标检测还应用于智能视频监控[13]、基于内容的图像检索[14]、机器人导航[15]、增强现实[16]等许多实际任务中。目标检测在计算机视觉和实际应用领域具有重要意义。在过去的几十年里，它激励了大量的研究人员密切关注和从事研究。此外，随着强大的机器学习理论和特征分析技术的发展，近十年来与目标检测主题相关的研究活动不断增加，每年都有最新的研究成果和实际应用发表。然而，目前检测方法的精度仍然较低，它不能应用于实际和常见的检测任务。因此，目标检测还远未完全解决，仍然是一个重要而具有挑战性的研究课题。

5.3　目标识别

视觉目标识别[17-24]，也称为视觉图像的模式识别，旨在使用图像处理和模式识别领域中的理论和方法确定图像中是否存在感兴趣的目标，如果是，则给出合理的解释目标，并确定其位置。

目标识别可以理解为计算机对图像特征进行分析，然后对目标概念进行理解的过程。输入图像可能存在诸如视角变化、光照变化和遮挡等问题，使目标识别具有挑战性。为了比较不同算法的性能，通常使用一个通用的标准数据库，如 Caltech 系列数据库、PASCAL VOC 数据库和 ImageNet 数据库，这些数据库主要用于当前的目标识别研究。目标识别系统主要分为以下五个部分。

（1）预处理。预处理的目的是在尽量不影响目标本质特征的情况下，对图像的颜色、亮度、大小等明显特征进行处理，从而提取正确的目标特征，降低后续识别算法的复杂度，提高识别效率。预处理主要由数字图像处理操作，如图像增强、灰度调整、二值化、归一化等。

（2）特征生成。特征生成是指能够以数字形式完全表示特征。其目的是尽可能地获取图像的真实特征，过滤掉虚假特征。特征生成影响识别算法的准确性和实时性。

（3）模型构建。模型构建的主要目的是通过提取相同类别目标的共性来区分不同类别目标之间的差异。有效地处理、存储和利用特征以及特征之间的空间结构是设计整个识别系统的关键。根据统计结构，模型构建可分为生成模型和判别模型。

（4）模型训练。模型训练是确定目标特征和模型，训练训练图像集，获得目标模型参数后进行目标检测的重要依据。根据训练方法的不同，模型训练可分为监督训练、非监督训练和半监督训练三种类型。根据分类器的不同，可分为支持向量机（SVM）、K 近邻（KNN）、神经网络（NNs）和随机森林。

（5）目标检测。目标检测是将样品组训练的模型与从测试图像中提取的模型相匹配，以获得测试图像的目标类型和位置信息，这是整个识别系统的最后一步。目标检测是直接影响识别系统性能的关键。目前，主要的目标检测方法有基于滑动窗口的检测方法和基于图像分割的检测方法。

在目标识别系统的基本框架下,可以从不同的模型推导出不同的识别算法,并利用精度、实时性和鲁棒性对不同的算法进行评价。精度是指目标识别算法对目标检测的精度。用精度来测试算法的性能,它通常由平均准确率(average precision,AP)来评估。实时性是指目标识别算法从图像中识别目标所需的时间,以便确定算法的应用前景。鲁棒性通常表现为目标识别算法选择的分类器对特征或参数扰动的不敏感性。主要影响因素是训练集样本。

5.4　行人重识别

人的再识别[25-28],也称为行人重识别(person re-identification,ReID),是一种利用计算机视觉技术来确定特定行人是否存在于图像或视频序列中的技术,被广泛认为是图像检索的一个子问题。即给定一个被监控的行人图像,在设备上检索行人图像。

在监控视频中,由于相机分辨率和拍摄角度,往往无法获得非常高质量的人脸图像。在人脸识别失败的情况下,ReID 已经成为非常重要的替代技术。ReID 最重要的特点之一是交叉摄像头,需要在不同的摄像头下检索相同的行人图像。ReID 在学术界的研究已有多年,但随着深度学习的发展,近年来才有了很大的突破。

ReID 的一般问题如下:给定我们所关心的人的全身像,通过一些算法,从行人全身数据库中找到最接近此人的一张或几张照片。上述过程可分为两种方案。第一种方案,随机给出两个人的照片,并将这两张照片作为系统输入。我们希望系统输出一个概率值,表示这两幅图片属于同一幅图片的概率,这种方案归结为一个二分类问题。然而,该方案的问题在于阈值没有很好的设置依据。第二种方案,也是目前主流的方案，ReID 被认为是一个检索问题。系统通常将置疑集与比对集中的图像逐个进行比较，然后对相似性进行排序，并返回候选列表。第二种方案存在的问题是计算复杂度随着比对集的增加而增加，不利于实时系统的实现。

5.5　图像检索

根据描述图像内容的方式，图像检索[29]可以分为两类：一种是基于文本的图像检索（text-based image retrieval，TBIR），另一种是基于内容的图像检索（cotent-based image retrieval，CBIR）。

基于文本的图像检索方法始于 20 世纪 70 年代。它使用文本注释来描述图像中的内容，从而为每个图像形成描述图像内容的关键字，如图像中的对象、场景等。该方法可以通过图像识别技术进行人工标记或半自动标记。在进行搜索时，用户可以根据自己的兴趣查询关键字，检索系统根据用户提供的关键字查找与关键字对应的图像，最后将查询结果返回给用户。这种基于文本描述的图像检索方法易于实现，并且在标注过程中具有人工干预，因此其精度相对较高。基于文本的图像检索仍然在今天的一些中小型图像搜索 Web 应用程序中使用。然而，由这种基于文本描述的缺陷也非常明显。首先，这种基于文本的描述需要在注释过程中进行人工干预，使其仅适用于小规模图像数据。在大规模图像数据上完成这一过程需要大量的人力和财力，这与图像不断导入时的人工干预密不可分。其次，对于准确的查询，用户有时很难用简短的关键词来描述他们真正想要使用的图像。此外，手工标注过程不可避免地受到标注者认知水平、语言使用水平和主观判断的影响，从而造成文字描述画面的差异。

基于内容的图像检索技术在电子商务、版权保护、医疗诊断等领域具有广阔的应用前景。在电子商务方面，Google 的 Goggles，阿里巴巴的拍立淘和其他 Flash 购物应用程序允许用户捕获图像上传到服务器，在服务器端运行图像检索应用程序，为用户查找相同或类似的商品，并提供购买商店的链接。在版权保护方面，提供版权保护的服务提供商可以将图像检索技术应用于商标是否已注册的认证管理。在医学诊断中，医生可以通过搜索医学图像库找到多个患者的相似部位，从而协助医生诊断疾病。基于内容的图像检索技术已深入到许多领域，为人们的生活生产提供了极大的便利。

参 考 文 献

[1] WU Y，LIM J，YANG M H. Object tracking benchmark. TPAMI，2015，37（9）：1834-1848.

[2] ROSS D A，LIM J，LIN R S，et al. Incremental learning for robust visual tracking. IJCV，2008，77（1-3）：125-141.

[3] COMANICIU D，RAMESH V，MEER P. Real-time tracking of non-rigid objects using mean shift. CVPR，2000：142-149.

[4] DALAL N，TRIGGS B. Histograms of oriented gradients for human detection. CVPR，2005：886-893.

[5] VIOLA P，JONES M J. Robust real-time face detection. IJCV，2004，57（2）：137-154.

[6] TUYTELAARS T，MIKOLAJCZYK K. Local invariant feature detectors：A survey. Foundations and Trends® in Computer Graphics and Vision，2008：3（3）：177-280.

[7] WANG S，LU H，YANG F，et al. Super pixel tracking. ICCV，2011，1323-1330.

[8] COMANICIU D，RAMESH V，MEER P. Kernel-based object tracking. TPAMI，2003，25（5）：564-577.

[9] PÉREZ P，HUE C，VERMAAK J，et al. Color-based probabilistic tracking. ECCV，2002，661-675.

[10] LI Y，AI H，YAMASHITA T，et al. Tracking in low frame rate video：A cascade particle filter with discriminative observers of different life spans. TPAMI，2008，30（10）：1728-1740.

[11] GRAUMAN K，LEIBE B. Visual object recognition. Synthesis Lectures on Artificial Intelligence and Machine Learning. 2011，5（2）：1-181.

[12] ZHANG X，YANG Y，HAN Z，et al. Object class detection：A survey. CSUR，2013，46（1）：10.

[13] AGGARWAL J K. RYOO M S. Human activity analysis：A review. CSUR，2011，43（3）：16.

[14] DATTA R，JOSHI D，LI J，et al. Image retrieval：Ideas，influences，and trends of the new age. CSUR，2008，40（2）：5.

[15] KRÜGER V，KRAGIC D，UDE A，et al. The meaning of action：A review on action recognition and

mapping. Advanced Robotics，2007，21（13）：1473-1501.

[16] PALMESE M，TRUCCO A. From 3-D sonar images to augmented reality models for objects buried on the seafloor//IEEE Transactions on Instrumentation and Measurement，2008，57（4）：820-828.

[17] FINKENZELLER K. RFID handbook：Radio-frequency identification fundamentals and applications in contactless smart cards，radio frequency identification and near-field communication. John Wiley & Sons，2010.

[18] LAW C，LEE K，SIU K Y. Efficient memoryless protocol for tag identification. The 4th International Workshop on Discrete Algorithms and Methods for Mobile Computing and Communications. ACM，2000，75-84.

[19] PHILIPOSE M，SMITH J R，JIANG B，et al.Battery-Free wireless identification and sensing. IEEE Pervasive Computing，2005，4（1）：37-45.

[20] QING X，CHEN Z N. Proximity effects of metallic environments on high frequency RFID reader antenna：Study and applications//IEEE Transactions on Antennas and Propagation，2007，55（11）：3105-3111.

[21] DOBKIN D M，WEIGAND S M. Environmental effects on RFID tag antennas. IEEE MTT-S International Microwave Symposium Digest，2005，12-17.

[22] SAMPLE A P，YEAGER D J，POWLEDGE P S，et al. Design of an RFID-based battery-free programmable sensing platform. IEEE Transactions on Instrumentation and Measurement，2008，57（11）：2608-2615.

[23] CZESKIS A，KOSCHER K，SMITH J R，et al. RFIDs and secret handshakes：Defending against ghost-and-leech attacks and unauthorized reads with context-aware communications. The 15th ACM Conference on Computer and Communications Security，2008：479-490.

[24] YEAGER D J，POWLEDGE P S，PRASAD R，et al. Wirelessly-charged UHF tags for sensor data collection. IEEE International Conference on RFID. 2008：320-327.

[25] BEDAGKAR G A，SHAH S K. A survey of approaches and trends in person re-identification. Image and Vision Computing，2014，32（4）：270-286.

[26] GONG S，CRISTANI M，YAN S，et al. Person re-identification. Berlin：Springer，2013.

[27] VEZZANI R，BALTIERI D，CUCCHIARA R. People reidentification in surveillance and forensics：A survey. CSUR，2013，46（2）：29.

[28] ZHAO R，OYANG W，WANG X. Person re-identification by saliency learning. TPAMI，2017，39（2）：356-370.

[29] YANG X，QIAN X，XUE Y. Scalable mobile by exploring contextual saliency. TIP，2015，24（6）：1709-1721.